U0024941

毛髮趣史

曾海帆——著

簡單的毛髮
不簡單的故事

Interesting history
of hair

韓劇《夫妻的世界》中將頸巾上一根女性髮絲作為切入點，引起女主角金喜愛的懷疑，最終揭發丈夫的姦情，戳破看似幸福的婚姻假象。

　　掉落的髮絲也是筆者走上研究毛髮的切入點，記得中學時代，有一次上堂期間，一根頭髮倏忽飄下，落在課本上，筆者執起端詳良久，從毛球至毛幹看了又看，暗忖：「你為何要捨我而去？」

　　越是企圖挽留，越是溜走，之後掉下的頭髮越來越多，最記得右邊額頭有一根最頑強的髮絲，雖然筆者的髮線不斷後移，該根髮絲始終堅韌不拔，漸漸地與髮線拉開約一根尾指闊度的距離，脫髮之嚴重可想而知。

　　看著父親的禿頭，筆者知道問題的根源，搖頭嘆息：「命也」。翻閱頭髮書籍尋找解決方法、頭皮按摩、白蘭地刺激毛囊，甚至電髮令頭髮看似蓬鬆濃密等補救措施一一試過，可惜徒勞無功，梳子上殘留的髮絲是沮喪的真相。

　　脫髮問題困擾十年，直至筆者在地鐵上偶然看見一則生髮藥的廣告，有關問題才迎刃而解，一年後筆者的頭髮奇蹟地濃密起來，朋友驚訝地說：「你頭髮多了」，筆者報以微笑，自信也回來了。

　　由於這段脫髮的過去，令筆者特別留意毛髮的知識，

發現許多有趣故事散落史海中，卻沒有人將它結集成書，數年前筆者已打算寫一本《毛髮趣史》的書籍，卻因意志不堅定，一直沒有付諸實行。

十年來，西方陸續出版關於頭髮歷史或故事等專書，但囿於以西方史料為主，缺乏東方的視野，其實，在亞洲特別是中國，有很多有趣的毛髮故事，筆者決心把兩者結合為一。

本書由頭髮説到陰毛、由演化説到未來、由英國説到日本，中間包含神話、宗教、歷史及藝術等範疇。本書力求簡單易明，篇章精短，輔以大量圖片解説，把一根簡單的毛髮，帶出種種不簡單的故事。他山之石可以擊玉，希望吸引更多人對毛髮的興趣，有關研究也日益興旺。

感謝曾經鼓勵過筆者完成這本書的朋友，筆者在孕育，你們在催生，他日在某處看到這本書時，記得你們也有一份功勞。

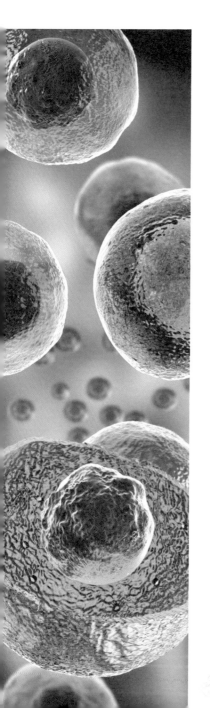

進化　裸猿誕生

　　七百萬年前，非洲是一個怎樣的世界？為何人類祖先跟黑猩猩及巴諾布猿的祖先分道揚鑣？

　　有人說是氣候變化，森林食物減少；有人說是一場特大山火，威脅到人類祖先，被迫走向草原。

　　但無論如何，人類祖先當時的一小步，卻是未來一大步，

人類祖先最初與黑猩猩一樣渾身毛茸茸（來源：Lili Aini）

產生革命性的影響，起源於猿類一樣的人猿，自此朝著人類方向進化，至今還在演化中。

在整個進化過程中有兩處最為特別，一是人類學懂直立行走，一是身上毛髮不斷減少，成為靈長類動物中獨一無二的「裸猿」。

為何人類的進化是建基於「去毛化」？首先必須了解毛髮在猿猴身上的作用，它可以保暖、隔熱、保護皮膚，甚至在特定環境中進行偽裝掩飾。

既然毛髮功能多多，為甚麼這件天然「外衣」偏偏被人類脫掉？答案是人類的毛髮轉變與直立行走有關。

當人類離開森林，並非一下子就懂得直立行走，只是草原環境不得不催生人類站立起來，換言之是迫出來的行為。

一望無際的草原，是眾多動物的活動舞台，也是猛獸獵食的廝殺場，人類沒有獠牙利爪作武器、沒有飛天遁地的本領，只能時刻保持警惕之心，如狐獴常站高留意環境變化，提防敵人。

人類祖先在平原生活，被迫站高防範敵人襲擊（來源：Zdenek Burian）

脫毛加強排汗功能

嚴格來說，人類在憂患中選擇了站立自衛，但在草原上，站立的人類渾身毛茸茸，在烈日下追捕獵物，體溫和血壓飆升，無法快速散熱的話，對自身不利，如果大腦的溫度過高，甚至威脅到生命，所以必須減少毛髮，以利排汗調節體溫。

人類是現存排汗最旺盛的靈長類動物，有五百萬條汗腺，一天最多排汗十二升，英國牛津大學的塔瑪斯·大衛·貝雷特說：「你的毛髮越少，雙足站立的優勢就越大。而你直立的時間越長，你減少毛髮所得的優勢就越大。」

汗腺增多促使毛髮減少，大面積的毛髮脫落，皮膚逐漸裸露出來，為了防止紫外線的侵害，人類皮膚又演化出一種名叫「黑色素」的東西，所以棕黑色人種是最原始人種，後來人類遷徙到世界各地，隨著陽光的強弱，黑色素的多少產生不同有色人種，包括黃種人、白種人。

另一種蛻變是人類產生了真正意義的頭髮，由於腦部的重要性，頭上的毛髮長得又濃又密，加強隔熱功能，人類的頭髮最終進化至不停生長，有別於靈長類動物，牠們的毛髮生長到一定長度就會停止或者脫落。

人類祖先懂得直立行走後，男女的鬍鬚亦朝著截然不同的方向發展，女性因美麗、性徵更明顯而脫掉唇上鬍鬚，而在外打獵的男性，滿面鬍鬚反而顯得更加威武，可以嚇退敵人及猛獸。

在冰天雪地下，濃密的頭髮和鬍鬚具保暖作用（來源：vladimir salman）

毛髮趣史
簡單的毛髮 不簡單的故事

不過，今天人類的頭髮和鬍鬚能夠不停生長，相信與冰河時期有關，在二百六十萬年前的更新世開始，地球出現至少五次冰河時期，在嚴寒地方生存的陸上動物，無不渾身厚毛，如北極熊、雪狐或猞猁等。

舉個簡單例子，絕種的動物猛獁象，是冰河時期陸上最大型動物，身上披著厚毛，但牠的近親亞洲象，因棲身熱帶地方，身上的毛稀少，但亞洲象假若在嚴寒生活，在適者生存下，牠們也會慢慢長出厚毛，換言之，猛獁象放在熱帶地方，亦會漸漸脫掉厚毛，這是受環境影響的結果。

人類在冰河時期如何適應環境？最顯著是進化出皮下脂肪，這層皮下脂肪使我們在寒冷時可以禦寒，在酷熱時又不妨礙排汗，絕對是一個理想的結合。

另一項顯著進步是人類的智力飛躍，當時人類捕捉的皆是大型動物，巨大骨骼中蘊含豐富骨髓，人類用石頭敲破取之來吃，蛋白質的增加令大腦更加發達，人類腦容量由五百萬年前的四百五十毫升，發展至一千四百毫升，智力上升，得以解釋為何人類文明誕生於一萬年前左右，正正是冰河末期。

人類有了皮下脂肪並不代表就可一勞永逸，只是多了一件被毯，還需要其他禦寒東西才能熬過如此低溫天氣，包括獸皮蓋身及用火保暖。試想想，男性在冰天雪地下追逐獵物，不可能用獸皮遮蓋頭部致密不透風，這會妨礙活動能力，又長又厚的頭髮和鬍鬚可以彌補這個缺陷，所以演化出不停生長的頭髮和鬍鬚，同一道理，非洲人因適應了酷熱環境，身體黑色素高，汗腺發達，頭髮著重散熱而非保暖，他們的頭髮一般留不長，生長週期極短，不像亞洲及歐洲人那樣可以無限期生長。

女性少毛吸引異性

　　冰河時期亦是女性「去毛化」長足發展的關鍵時期，在溫暖洞穴生活，皮膚有獸皮保暖，女性毛髮的保暖功能喪失，毛少更有利吸引異性，繁衍後代。達爾文在《人類的由來》（The Descent of Man）中寫道：「我們偏好毛髮較少的異性，所以毛髮較少的人變得更為常見。」

　　女性這種「少毛是美」的觀念根深柢固，代代夢寐以求擁有一副光滑的身軀，除了髮絲和眉毛外，其餘身上的體毛如唇毛、腋毛、陰毛、手腳毛等都無法忍受，除之而後快，可以預言的是，將來除了增加美感、增加吸引力的頭髮、睫毛和眉毛外，女性身上其餘體毛變得多餘，可能進一步脫掉。

　　人類進化至今，一步一足印，沿途丟下不少毛髮，現在只剩餘頭髮、眉毛、睫毛、鼻毛、鬍鬚、腋毛、胸毛、腹毛、陰毛、肛毛、耳毛、汗毛、手臂毛及腳毛，還有約一百五十萬根毛髮，人類表面覆蓋約五百萬個毛囊，顯示老祖宗曾披著五百萬根毛髮走過來，這個數目與成年大猩猩體毛數大致相等，換言之七百萬年來人類脫掉了七成毛髮。

　　毛髮大減七成，為何毛囊的數目還是原封不動，不是應該功成身退嗎？其實毛囊同樣在努力演化，肩負新的使命，生長一些纖細的汗毛，這些汗毛是天然的觸鬚，有利發現寄生蟲的入侵，防止蚊叮蟲咬，有專家做過測試，未剃掉汗毛的人發現寄生蟲的次數，較剃掉汗毛的人更早更頻繁。

　　另外，毛囊亦充當出汗孔道，大汗腺和皮脂腺與毛囊相通，當我們劇烈運動後滿頭大汗，頭髮及體毛也會感到油滋

人類一路進化，身體各方面明顯改變，包括毛髮越來越少

滋，油脂是一種天然潤滑劑，令毛髮不易散亂，容易梳理，但油脂太重，則會堵塞毛囊，引致毛囊炎脫髮。

體毛多寡與種族有關，中東和南亞人體毛最濃密，其次是白人及黑人；再其次是東亞、東南亞和美洲原住民。頭髮的差別亦很明顯，歐洲人的頭髮多是彎曲波浪形，亞洲人普遍擁有黑色的直髮，非洲人黑色卷髮居多。

在漫長演化中，未必一帆風順，有可能發生基因突變的反祖現象，反祖現象是指個別生物體出現了其祖先所具有的性狀現象，例如長有尾巴、多個乳頭及俗稱毛孩或狼人的先天性遺傳多毛症。

多毛症非常罕見，主要是基因變異出現在 X 染色體上，患病概率十億分之一，雖然機率甚微，但患者遺傳給後代卻機會頗大，據統計，家族男性成員的所有女兒會遺傳多毛症，兒子則不會，在女性成員的後代中，無論男女有一半遺傳多毛症。

　　歷史上眾多毛孩中，佩德羅・岡薩雷斯（Petrus Gonsalvus）最為著名，他是法國國王亨利二世（Henry II of France）的「寵物」，亨利二世雖然信仰虔誠，但對奇形怪狀的生物特別感興趣，1547 年，渾身體毛的岡薩雷斯被家人當作禮物送給亨利二世，亨利二世將岡薩雷斯視作半人半獸，甚至當作白老鼠做實驗，有意將野獸改造成紳士。

　　岡薩雷斯如寵物般生活優渥，過著貴族紳士的生活，獲王后賜婚，娶了凱薩琳為妻，兩人所生下的七名子女，其中四個亦遺傳多毛症，如他命運一樣當作禮物送給其他貴族取樂，然而多毛症患者除了多毛之外，智力和情感跟正常人一樣，岡薩雷斯的痛苦可想而知。

　　岡薩雷斯貌如野獸，全身覆蓋厚厚的金黃色體毛，妻子凱薩琳卻如花似玉，當年凱薩琳下嫁給岡薩雷斯全不知情，走上教堂一刻肯定大吃一驚，但她與岡薩雷斯相處後卻被丈夫的人格魅力所征服，發現醜陋的外表下包裹著一顆善良的心，一生不離不棄，兩人最終在平靜生活中終老，他們的故事啟發了法國作家維倫紐夫，改編成童話故事《美女與野獸》。

Omni miraculo quod fit per Hominem maius miraculum est HOMO Visibilium omnium maximus est Mundus, Inuisibilium DEVS Sed mundum esse conspicimus, Deum esse Credimus.

HOMO natus de MVLIERE. breui viuens Tempore Repletur multis miserys. Job 14.

凱薩琳最初對岡薩雷斯由抗拒、到接受最後是愛上，譜寫一段不簡單的愛情故事（來源：維基百科）

神話　髮力無邊

　　神話不是歷史，它是虛構和幻想出來的，但歷史不能沒有神話，每個偉大民族皆有開國神話，它是立於天地間的圖騰，賦予民族的光環，增加身分認同感。在神話中，頭髮被描述成充滿神奇力量，留下不少精彩故事，至今仍令人津津樂道！

　　盤古是中國開天闢地的始祖神，臨終前，身體各部位化作天地萬物，頭髮和鬍鬚，變成天際的星辰；肌肉變成土地，血液變成江河；皮膚和汗毛，變成草地林木。

　　在希臘神話，蛇髮女妖美杜莎（Medusa）的髮飾驚嚇程度空前絕後，她皮膚呈鱗、頭纏毒蛇、背插雙翼及滿口獠牙，任何人見到女妖的雙目都會變作化石。

　　美杜莎與兩胞姊史泰諾（Stheno）和尤萊莉（Euryale）合稱戈爾貢（Gorgon）三女妖，居住在靠海極西之地，守護通往地底世界的入口。美杜莎的惡形惡相，原本誰也不敢招惹她，可是一名絕色美人，加上一名好色國王，令她招致殺身之禍。

　　英雄珀爾修斯（Perseus）的母親達那厄，是阿耳戈斯國王的公主，美麗動人，神王宙斯也為之傾心，化作黃金雨與她親近，誕下珀爾修斯。阿耳戈斯擔心孫兒將來會對他不利，狠心地把兩母子裝在一個箱子裡扔落大海，結果在宙斯的保護下輾轉漂泊至塞里福斯島，最終由漁民收養她們，在島上展開新生活，珀爾修斯也日漸成長。

美杜莎頭纏毒蛇，是希臘神話中最恐怖的女妖（來源：A.Dina）

　　塞里福斯島國王垂涎達那厄美色，想據為己有，但苦惱於兩母子形影不離，難以親近，國王欲借刀殺人，除去達那厄身邊這頭攔路虎，要求珀爾修斯取下美杜莎的頭顱，隻身犯險。

珀爾修斯在雅典娜的指導下，取下
美杜莎首級（來源：安東尼卡諾瓦，
1801年，梵蒂岡博物館）

這個任務幾乎九死一生，幸在雅典娜（Athena）的指導下，珀爾修斯看著盾牌裡的反光走近美杜莎，割下她的頭顱，最後珀爾修斯將美杜莎的頭顱獻給雅典娜，雅典娜將它鑲嵌在神盾埃癸斯的中央。

美杜莎作為令人聞風喪膽的蛇髮女妖，她的蛇髮同樣具有魔力，傳說珀爾修斯的曾孫子、大力神海克力斯曾從雅典娜那裡得到一撮美杜莎的蛇髮，這撮蛇髮一旦展現於天地間，會引起一場暴風雨，掀起摧枯拉朽的威力，即使千軍萬馬也會被擊退，海克力斯把它送給刻甫斯的女兒斯忒洛珀，以保護忒革亞城免受攻擊。

基於蛇髮女妖威力驚人，樣貌猙獰，西方古代百姓家門口多裝上美杜莎浮雕或畫像，用作驅魔辟邪，就像中國人喜歡用同樣容貌兇惡的鍾馗像鎮宅驅鬼一樣。

希芙之髮失而復得

　　索爾（Thor）是北歐神話中的雷神，驍勇善戰，他的神鎚所向無敵。日耳曼人的習俗中愛在星期四舉行會議，因為該日被視為最重要的日子，英國人將（Thursday）作為「索爾之日」，足見其分量。

北歐雷神索爾驍勇善戰，是日耳曼人最崇拜的神祇之一
（來源：Mårten Eskil Winge，1872年）

索爾有位嬌妻名叫希芙（Sif），她那又長又濃密的金髮如像麥穗，傾倒眾生。索爾的弟弟邪神洛基（Loki）愛作亂搗蛋，專與哥哥作對，有一晚，偷偷爬進嫂子的房間，把她的頭髮剪光。希芙醒來，驚然發現自己秀髮被毀，花容失色，既憤怒又羞辱，因為只有女奴才會被剃光頭示人。

索爾妻子希芙擁有又長又濃密的金髮（來源：John Charles Dollman，1909 年作品）

索爾聞訊後誓要揪出欺負妻子的人，他在窗外發現弟弟的一隻鞋，倉皇逃走時掉下。索爾馬上找洛基算帳，憤怒地掐住洛基的脖子，欲將他煎皮拆骨，但洛基卻說必須放他一馬，否則希芙的頭髮長不回來。索爾聞後掐得更緊，洛基又以種種承諾求饒，終於打動哥哥給他一天時間。

洛基事不宜遲，跑去找一群稱「伊瓦第之子」的侏儒，他們是高超的工匠，甚麼東西也能製作出來。侏儒用真正的黃金，為希芙製作出新的頭髮，而且神奇地像真正的頭髮一樣會生長，令希芙欣喜若狂，最終原諒了洛基。

參孫頭髮隱藏神力

在聖經，大力士參孫的頭髮是力量泉源，他還是胎兒時，天使已告知其母「兒子出生以後，不要給他剃頭。」參孫自幼力大無窮，赤手空拳擊斃猛獅，單人匹馬殺死大量非利士人。

非利士人恨透參孫，除之而後快，收買了參孫的同居女友大利拉，暗中追查參孫為甚麼如此孔武有力，大利拉誘騙參孫吐出祕密，但參孫一次又一次說謊，大利拉不肯罷休，天天纏著參孫軟磨硬泡，參孫抵受不住說出頭髮就是力量來源。

非利士人拿著犒賞銀子來到大利拉家中，只見參孫在大利拉膝蓋上沉沉睡著，馬上叫人剃除他頭上的七條髮綹，參孫力量全失，軟弱無力，被非利士人逮住及弄瞎了眼，受到百般凌辱。

參孫在大利拉膝蓋上睡著，被剪去頭髮失去力量（來源：魯本斯，1609-1610年）

　　後來，參孫頭髮又漸漸長了起來，力量逐漸恢復，但非利士人不以為意。有一次，非利士人要向他們的神祇大袞（Dagon）獻大祭，想再找來參孫羞辱助興，把他從牢裡帶出來，參孫暗自向上帝懺悔，求上帝再賜予力量；他隨即抱住廟中兩根主要支柱，身體使勁向前傾，結果神廟傾塌，壓死三千多人，參孫也壯烈犧牲。

頭髮內寄宿靈魂

在佛教故事中，佛祖釋迦牟尼的頭髮亦曾呈現異象，話說二千五百年前，仰光一名商人的兩名兒子天性慈悲，聽說印度鬧饑荒，運送大米到印度賑災，機緣巧合下，遇上釋迦牟尼說法，兩人對佛法的智慧欽佩不已，求得八根佛祖頭髮帶回仰光供奉。

傳說仰光大金塔安葬了佛祖八根頭髮（來源：曾海帆）

傳說佛髮被迎回緬甸後，離奇的事情突然發生，空中忽降金磚，眾人拾起金磚砌塔，外加銀、錫、銅、鉛等塔，最外為石塔，這就是仰光大金塔的淵源，供奉佛祖八根頭髮的地方。二千餘年來，經過代代修繕擴建，塔身愈建愈高，主塔高達一百一十二米，純金箔貼面金光燦爛，成為緬甸最著名的名勝。

泰國潑水節亦與一根頭髮有關，古泰族曾經出現一個暴君，天生神力，個性殘暴，好姦淫婦女，強搶七名少女為妻妾，最小的妾侍尤金痛恨其惡行，決心為民除害，但自知實力懸殊，只好施美人計。

有一天，暴君喝得醉醺醺，尤金向他撒嬌，問他身體的弱點在何處？暴君不虞有詐，說出脖子是其弱點，只要剪下他一根頭髮，纏繞其脖子就可置他於死地，尤金暗喜，聯合其他姊妹一起行動，結果成功剪下暴君一根頭髮，繞著他的脖子後果然斷開，但噴出熊熊火焰，她們連忙舀水撲救，這就是潑水節的傳說之一，寓意泰人潑水以慶祝殺死暴君，重獲自由。

泰國潑水節與一根頭髮殺死暴君的故事有關（來源：Tong_stocker）

頭髮充滿神奇力量，不單在神話傳說，在現實中也屢見不鮮，法蘭克第一個王朝墨洛溫（457 － 751 年）國王秉承法蘭克人傳統，相信頭髮擁有力量，每個國王均以長髮作為王權標誌，後來宮相丕平（714 － 768 年）篡權奪位，墨洛溫末代國王希德里克（714 － 754 年）被羞辱地剃去頭髮，關進修道院，墨洛溫王朝覆亡。

　　此外，西非的魯巴人，相信頭髮內寄宿了靈魂，剪下的頭髮都會小心處理，唯恐居心叵測的人得到後加以操控靈魂。在日本，相撲手同樣相信力量來自頭髮，退役後會進行一場斷髮儀式，過程中，由現役相撲手合唱相撲歌曲，各嘉賓魚貫向退役相撲手送上祝福，最後一位來賓最重要，為他剪掉髮髻，表明結束職業生涯。

法國墨洛溫王朝國王深信頭髮擁有力量，圖為克洛維一世與妻子（來源：安托萬・讓・格羅，1811 年）

宗教　無髮有髮

毛髮在宗教上呈現式樣繽紛，但歸根究底，信徒的髮式鬍鬚反映與信奉的神明之間的契約，是一種嚴肅的象徵。

佛教認為頭髮乃三千煩惱絲，追求六根清淨，剃度是捨別紅塵，皈依佛門。剃度傳統出於佛祖釋迦牟尼，公元前五世紀，佛祖覺悟成佛，廣收門徒，最初對迦葉等五人說法時，親手為他們剃去頭髮，正式收為弟子。剃度遂成

剃度是佛教徒受戒儀式（來源：Tom Black Dragon）

為佛教徒受戒的一種儀式，代表削去煩惱和錯誤習氣、去掉人間的怠慢驕傲之心，以及放下牽掛。

不知大家是否留意到幫人剃度的佛祖並非光頭，而是一頭濃密的卷髮，是厚此薄彼搞特殊化，還是另有原因？其實佛祖是有苦衷的，據《中阿含經》說法：「因頭頂骨肉隆起，形狀如髻，故稱肉髻」，此乃尊貴之相，屬於印度傳說中偉人必備的「三十二相」之一，智慧越高，肉髻越高，若然佛祖剃光頭，頭頂的大肉球凸出，極不美觀，所以保留頭髮。

單是研究佛像的髮型演變，足以寫成一篇博士論文，犍陀羅風格的佛像，釋迦牟尼的頭髮像歐洲人的彎曲波浪形，相當自然，因犍陀羅古國位於阿富汗坎大哈以東和印度的西北部，是中亞的交通樞紐，曾受希臘、波斯及印度文化深刻影響，佛像藝術呈希臘風格，後來佛祖的髮型變成一頭濃密而呈顆粒狀的頭髮，又叫螺髮，筆者初時無知，以為是天然髮型，因非洲布須曼人（又稱桑人）亦擁有類似的顆粒狀頭髮。

肉髻

螺髮

佛祖髮型解構

非洲布須曼人擁有特別的顆粒狀頭髮（來源：Dietmar Temps）

　　之後才知道佛祖的螺髮，並非真正頭髮，而是寄生物，當初佛祖在做禪時，為眾生大開方便之門，引來一隻隻的陀螺，爬上佛祖頭上，眾人勸佛祖把陀螺取下，佛祖說陀螺聽禪已有悟性，得到解脫，不必取下，漸漸成為佛祖的獨特髮型。

身體髮膚受之父母

中國道教與佛教剛相反，重視蓄髮，「丫髻本是鍾離留，昆侖頂上按日球，修行皆服長生水，笑殺愚人白了頭」，道教是中國本土宗教，秉承中國人重視頭髮的傳統。

《孝經》有云：「身體髮膚，受之父母，不敢毀傷，孝之始也。」中國人認為身體和頭髮均來自父母，不能隨便損傷，否則視為不孝。道教認為蓄髮是順應自然規律，挽髻長髮如流水不竭，道氣長存。再者講求養生保健，人蓄頭髮，必須經常梳理，大腦皮下穴位眾多，有利血氣循環。

道教秉承中國人重視頭髮的傳統（來源：testing）

百行以孝為先，中國人重視頭髮的程度，甚至寧願頭可斷、髮絕不能斷的執著，最著名例子莫過於三國時代曹操（155 － 220 年）以髮代首的故事。

話說有一次，曹操領軍打仗，途經麥田，曹操下令所有將士凡有踐踏麥子者，不論是誰，立斬不赦。其間，麥田飛起一隻小鳥，曹操的坐騎受驚，失控躥入麥田。

眼見麥田被坐騎踐踏，曹操羞愧難當，要治自己的罪，一度抽出佩劍企圖自刎，眾將大驚勸阻，曹操最終揮劍割斷了一絡頭髮，扔在地上說：「我就以割髮代替砍頭吧」，足見頭髮的重要性。

剃毛是對真主恭順

削髮不單在佛教流行，中世紀的天主教修道士也流行把頭髮剃掉，稱為剪髮禮，根據古希臘羅馬的傳統，剪髮禮象徵「作奴隸」的意思，寓意神職人員對服侍上帝的決心。修道士剪成「人造地中海」或「荊棘冠頭」，是紀念耶穌基督，當年羅馬士兵為羞辱耶穌這個被門徒稱之為以色列王、萬王之王的救世主，曾迫使耶穌戴上荊棘造成的冠冕加以嘲諷和折磨。

歐洲中世紀的天主教徒流行「荊棘冠頭」

東正教教士留長頭髮和鬍鬚，以保持同上帝和耶穌形象的一致（來源：Paparazzza）

　　在東正教中，所有的教士和修士必須留長頭髮和鬍鬚，以保持同上帝和耶穌形象一致。傳統猶太教也留著大鬍子，兩鬢結長長的卷髮，頭上戴上無簷便帽或毛皮黑帽子，猶太人的觀念中，鬍鬚是力量的化身，是神所賜予的男子氣概的象徵。按猶太經師的傳統規定，猶太男子必須留鬚，鬍鬚不能用剪刀修剪，而是用火燒掉。

猶太教徒兩鬢結獨特的長長卷髮（來源：
Jonny Baker）

在伊斯蘭教中，同樣有蓄鬍鬚的規定，在伊朗刮光臉是西式作風，也是墮落的象徵，阿拉伯有一句諺語：「一個沒有鬍子的男人等於一隻沒有尾巴的貓。」只有在一種情況下例外，就是在朝聖之旅結束前不久將鬍鬚剃掉，剃光所有體毛，表達對真主安拉的絕對恭順。

根據印度教神話，守護神毗濕奴被斧頭劈中頭部，一部分頭髮脫落，另一女神將自己的一綹頭髮給了他作為替代，毗濕奴神感激不已，誓言將會實現那些獻出頭髮朝聖者的任何心願。

守護神毗濕奴會實現那些獻出頭髮朝聖者的任
何心願

　　印度南部的泰米爾納德邦和安德拉邦最流行獻髮，朝聖者
首先找來理髮師理髮，然後來到神廟中，將頭髮獻給神靈，據
估計，每天有五萬名朝聖者來安德拉邦地區的寺廟，其中有四
分一願意獻出自己頭髮，每天收集超過一噸，寺廟再把這些頭
髮轉賣給假髮商人。

第四章

埃及　假髮　染髮

　　2016 年，筆者參觀大英博物館，同行朋友指著一座古埃及人像說：「頭髮又厚又直」，筆者解釋是假髮，對方有點驚訝。說到毛髮有趣歷史，古埃及絕對是最濃墨重彩一章，距今數千年的古埃及人是髮型潮流的先鋒，創造了假髮、染髮和燙髮，影響至今。

古埃及人是最早戴假髮的民族（來源：Andrea Izzotti）

古埃及人習慣剃除全身毛髮，主要有兩大原因，其一是巫術盛行，古代西方有句諺語：「學哲學去希臘、學巫術去埃及」。古埃及人相信頭髮藏有精靈，被施法者撿獲禍害無窮，如同南洋降頭師以目標人物的頭髮和指甲施法一樣，為免受害，索性把毛髮剃光。

第二是古埃及天氣炎熱乾燥，容易滋生蝨子和其他寄生蟲，其中頭蝨最為普遍，蝨可以寄居人畜身上，以吸血維生，頭蝨主要寄生在人類頭皮和頸部毛髮上，至今不少貧窮國家，頭蝨仍然相當普遍。

別小看這些細小的寄生蟲，可以傳播斑疹傷寒和回歸熱等疾病；寄生於外陰毛上為陰蝨，甚至可以傳播性病。頭蝨雖然存活約三星期，但繁殖力驚人，雌蝨每天可產卵六粒，七至十天得以孵化。

埃及天氣炎熱，頭蝨相當普遍

古代沒有殺蟲劑，聰明方法莫過於剃掉全身毛髮，但愛美是人的天性，光禿禿的頭顱當然不美，所以假髮大行其道，尤其在王室成員中，無論日常生活、隆重場合及下葬時都會戴假髮。在古埃及不戴假髮的只有旅客、服喪人士或奴隸。

挖掘出來最古老的完整假髮，在古埃及第十二王朝墓中的

木儲藏箱內找到，距今約四千年左右，古埃及人的假髮多以人類頭髮或棕毛纖維製成，有些選用羊毛和棕櫚葉纖維，假髮匠把收集的頭髮分成一絡絡，再用密齒梳除蝨卵及梳開打結地方，接著把頭髮做成髮辮或捲髮；再敷上加熱的蜂蠟和樹脂混合的固定劑，等到冷卻成堅固。

古埃及女性常在髮上塗黏土，再用小木棒捲成圈，利用陽光曬乾，等曬乾後拆去木棒，洗去黏土，頭髮就會變成捲髮增加美感，如同現代電髮的原理。

古埃及的假髮多以人類頭髮或棕毛纖維製成（來源：Keith Schengili-Roberts）

國王禿頭假髮抬頭

雖然在東方如中國的戲曲、日本的能劇和歌舞伎都會戴上假髮，但在普羅市民中並不普及，相反西方假髮影響深遠，古埃及、古希臘及古羅馬相當風行，中世紀雖然一度式微，但到十七世紀，法國國王為了遮醜的單純舉動，假髮又奇蹟地再度復興。

1624年，二十三歲就謝頂的法王路易十三（1601－1643年）受脫髮困擾，用一頂長長的、深色的波浪形假髮遮住他那禿頭，假髮熱潮再度燃起，其子路易十四（1638-1715年）自詡為太陽王，無奈亦遺傳父親的禿頭，路易十四對此十分介意，不許別人看見，除理髮師之外。

法王路易十三因禿頭問題戴假髮（來源：Philippe de Champaigne，1635 年）

　　每天早上，他的假髮由專人通過床頭的柱子後面簾子遞過來，穿好厚厚的假髮和高跟鞋才肯示人。路易十四對假髮的渴求永無止境，在凡爾賽宮臥室旁特設一間假髮室，擺滿人型塑像，頭上都戴著假髮，各類假髮分門別類，打獵時戴的、居家時戴的、國家慶典時戴的、碩大無比的、纖細簡樸的、黑色的、白色的等等，他曾擁有高達四十位髮型師的紀錄，每天他們均為太陽王的髮型費盡心思。

路易十四作為當時歐洲潮流指標，將戴假髮熱潮推向高峰（來源：亞森特‧里戈作品，1701 年）

這位歐洲各國王室模仿的「潮流教主」形象深入民心，令戴假髮熱潮火上加油，法國人對假髮的狂熱從 1670 年代開始，持續超過百多年，1771 年在巴黎就有九百四十五位假髮匠，足見需求之大，直至法國大革命期間，暴民見到戴假髮的就認定是貴族，捉到就殺，如此瘋狂殺戮令假髮熱潮不得不冷卻。

為甚麼英國和大部分英聯邦國家，大律師和法官均戴假髮？筆者早年曾向一名著名律師請教，他也不太清楚，後來翻查歷史才知道與英王查理二世有關。

1642 年 8 月，英國爆發內戰，斯圖亞特王室流亡海外，其中查理‧斯圖亞特（1630 － 1685 年）流亡法國，投靠表弟路易十四，當時假髮風行法國，查理在耳濡目染下也愛上戴假髮，1660 年 5 月查理重返倫敦登基，史稱查理二世，斯圖亞特王朝復辟，所謂上行下效，查理亦將戴假髮風尚傳遍整個英國，直至 1795 年假髮熱潮退卻，只剩餘律師、法官、主教和馬車夫保持戴假髮傳統。

英王查理二世流亡法國期間，愛上戴假髮（來源：John Michael Wright，
1660 — 1665 年）

英聯邦國家的大律師和法官都戴假髮,由十七世紀流傳至今(來源:Everett Collection)

　　1830 年代,主教亦獲准停止佩戴假髮,馬車夫也緊隨其後,法庭變成捍衛這個傳統的最後堡壘,延續至今。法庭所堅持的原因,是對法治權威的尊重,透過裝束彰顯,令人肅然起敬,並提醒自己依法量度刑責、不受輿論和個人情感左右。

隨著時代演變，律師戴假髮有所放寬，2007 年，英國法庭裝束新規定，家事法庭、民事法庭或英國最高法院出庭時，律師不需要再佩戴假髮，但在刑事案件或參加儀式時仍需佩戴假髮，法官則維持不變。至於公眾的意見，2003 年，英國進行一項民意調查，六成八公眾支持法官佩戴假髮。

東西染髮大不同

　　四千多年前的埃及，法老拉美西斯一世曾派人去非洲尋找草藥，結果帶回很多能染色的草本植物，王室成員用它來染髮及塗彩指甲。1881 年，古埃及最著名的法老拉美西斯二世的木乃伊被發現，專家發現這位法老已有染髮習慣。

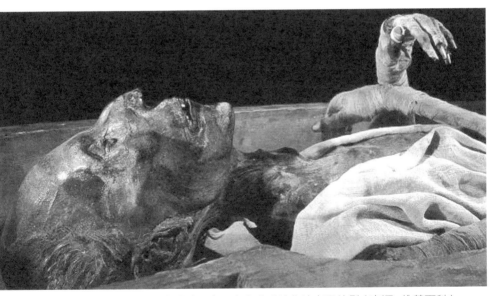

法老王拉美西斯二世的木乃伊，專家發現這位法老已染髮（來源：維基百科）

現代染髮用化學色素，取代頭髮中原色（來源：Sergei Domashenko）

　　除了古埃及，世界各地民族都有各式各樣的染髮技術，古印度人用番桂樹葉作為染料，將自己的頭髮染得亮麗多姿。羅馬人用醋酸鉛掩蓋灰髮，方法是用浸醋的鉛梳子梳理頭髮變黑。日耳曼人用羊脂和植物灰汁混合將白髮染黑。古希臘人使用其他植物提取物，例如核桃和接骨木果，他們也使用礦物質和金屬，如鉛，汞，或銅，甚至還有從燒焦的螞蟻卵中的昆蟲成分。

　　至於中國，東漢《神農本草經》中，已記載了一些能使白髮變黑的植物如白蒿等。漢代以後可供染髮的外用藥物如大

麥、針砂、沒食子等。篡漢創立「新朝」皇帝王莽，據說是第一位染髮的中國皇帝，他為了挽回敗局，讓自己看來更年輕，令百姓對他的統治更有信心，把銀白鬚髮染黑，可惜於事無補，十四年江山難逃覆滅。

現代意義上的染髮為法國出生的德裔化學家、萊雅的創辦人尤金・史威拉於 1907 年發明。染髮劑可分為兩種，一種純天然，如指甲花、洋甘菊、靛藍粉、藍草粉、木材和樹皮等。

另一種為化學染髮劑，成分多含有阿摩尼亞、雙氧水及對苯二胺（PPD），阿摩尼亞主要方便將頭髮原色洗走；加入 PPD 是方便上色，透過它的氧化能力使顏色更易黏附於頭髮之上；雙氧水是一種催化劑，提高染色的效率。不過，化學染髮劑長期使用，有機會出現過敏反應，包括皮膚過敏、頭皮紅腫及痕癢等，甚至增加患癌風險。

第五章

羅馬　禿頭　鬍鬚

凱撒大帝戴上桂冠遮蓋禿髮問題（來源：Peter Paul Rubens，1619 年）

　　在古代羅馬，脫髮是一種羞恥，被視為與惡魔搭上，尤利烏斯·凱撒（Julius Caesar，前 100 －前 44 年）以家族是愛神維納斯的後裔為榮，自幼貪靚，年輕時已是打扮時尚的花花公子，然而到了中年，頭頂漸稀，對他造成極大困擾。

羅馬史學家蘇埃托尼烏斯（Suetonius）在《羅馬十二帝王傳》中寫道：「他（尤利烏斯・凱撒）的禿頭對他來說，是個很大的缺陷，因為他發現這已經成為批評者口中的笑柄，所以他經常把稀稀疏疏的頭髮從王冠裡向前梳出來。」凱撒用來遮掩稀疏頭髮的王冠，就是金桂冠，之後的羅馬皇帝都愛戴金桂冠彰顯帝王之威儀。

凱撒縱橫戰場，戰無不勝，留下「我來、我看、我征服」的豪情壯語，只要凱撒抵達戰場，必把敵人打垮，偏偏無法征服禿頭，他曾嘗試過不少生髮方法，包括古埃及祖傳祕方，將磨碎的老鼠、馬的牙齒和熊的油脂混合塗抹頭頂，又將後腦勺的頭髮留長，然後梳向前額，俗稱「地方支援中央」。

凱撒為人思考周詳，做事絕不單純只為一個目的，喜歡一舉多得的方法，戴桂冠遮蓋禿頭，除了不給政敵嘲笑，挽回自尊心之外，筆者認為最主要原因是可以看起來比較年輕，凱撒遇刺前四年，一直與埃及豔后克麗奧佩拉七世打得火熱，兩人年齡相差三十二載，老夫少妻下，凱撒想拉近年齡的距離亦是人之常情，何況凱撒是情場老手，很懂女人心。

脫髮是人類獨有，靈長類動物絕少有此現象，為何偏偏人類才會脫髮？頭髮不是保護頭部，避免腦袋在烈日下曝曬，脫髮是否代表人類已不重視頭部的保護？還是進一步「裸猿化」的必然結果，人類擺脫不了的宿命？

至今科學界對人類進化過程中為何會出現脫髮現象還沒有定論，人言人殊，脫髮問題也令筆者思考多年，直至得知美洲原居民因紐特人（愛斯基摩人）沒有脫髮問題，筆者靈光一閃

腦洞大開，在此作出大膽假設，讓讀者從另一角度去思考。

　　全球兩成半至三成的男性或多或少有脫髮症狀，不僅如此，脫髮現象遍及全世界，任何種族的男性幾乎無一倖免，為何因紐特人能夠得天獨厚？原來，他們生活在嚴寒下，頭髮濃密粗壯更具保暖，加上以漁獵為生，深海魚油營養豐富，有利保持毛囊健康生長。嚴格來說，關鍵在於生活環境及食物營養上，後者可能更為重要。

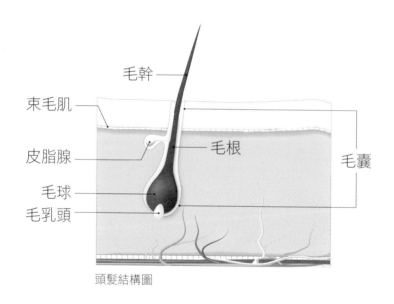

頭髮結構圖

　　筆者認為在人類漫長的進化過程中，脫髮是頗為新鮮事物，或許只有短短一萬年左右歷史，人類採摘植物、狩獵動物為生的歷史長達二百五十萬年，隨著人口增加及食物減少，人

類開始研究控制和培育動植物的技術，以確保食物供應穩定，至一萬二千年前，因馴化技術突破，人類紛紛放棄狩獵採摘生活，正式踏入農耕社會，定居下來。

然而，專家發現狩獵採摘社會的人類，獲得的食物多種多樣，營養更為豐富，相反，農民過分依賴土地所出，某特定環境只適合某動植物生長，如南方種稻北方種麥的道理，農民可選擇的食物不多，容易營養不良，一旦歉收更會鬧饑荒，而且農民工作更加辛勞，壽命短於狩獵採摘社會的人類。

人類一萬二千年的農業史，其實是一本暗黑饑荒史，至今科技進步，經濟發達，饑荒仍在貧窮落後地方出現，從未停止過，根據《世界糧食安全和營養狀況》報告顯示，2019 年近七億人處於饑餓狀態，佔全球人口近一成，假如是古代，捱饑抵餓的人口必定更多。

在農耕社會，由於食物選擇的單一性，長年營養不良，必定影響到毛囊健康生長，甚至出現脫髮問題，影響到基因遺傳，即使現今社會物質豐富，食物不虞匱乏，但老祖宗的饑荒痕跡依然深深印在我們頭上。

另一可能性是農耕社會亦是父權社會，男性支配時代，無論家庭或國家，研究發現越是支配慾強、越是獨裁專制的男性，睪丸酮越是活躍，而脫髮正正與睪丸酮有密切關係，得以解釋為何男性脫髮相對嚴重，所以脫髮可能是人類進入農耕社會後的產物。

至於何謂脫髮？一個成年男子擁有十至十五萬根頭髮，每

男性荷爾蒙反應是禿頭的罪魁禍首（來源：Ilya Andriyanov）

天脫掉少於一百根屬正常，每根頭髮會經歷兩至六年的「生長期」、「消褪期」及「脫落期」。脫髮就是指脫落速度多於正常生長速度，頭顱除了頭髮外，還有一種名叫「毫毛」的幼毛，這種幼毛如剛出世嬰兒的胎毛，由於毛囊萎縮，久而久之長不出頭髮，轉而生長毫毛，簡言之脫髮就是頭髮朝向毫毛化的過程，當毫毛也長不出來時，代表毛囊徹底死亡。

脫髮原因是頭皮毛囊對男性荷爾蒙反應所致，偏偏前額及頭頂對男性荷爾蒙最為敏感，最易出現「M字額」及「地中海」現象。頭部兩側的毛囊對男性荷爾蒙反應甚少，所以一個男人

無論如何頭頂稀疏，頭部兩側依舊濃密，故此一個男人的頭顱絕難徹底寸草不生。

全球十億人有脫髮問題，根據國際旅遊評論網站《Trip Advisor》於 2011 年研究顯示，世界禿頭大國首五強分別是捷克、西班牙、德國、法國和英國，其中捷克約四成三人口有不同程度脫髮問題，而亞洲的日本名列第十四，香港排第十五。為何禿髮問題是西風壓倒東風？主要與西方人飲食習慣有關，多肉少菜及偏鹹，直接影響毛囊生長，導致頭髮稀疏。

三分一女子脫髮

女性荷爾蒙雖然可以治療男性脫髮，但不代表女性就沒有脫髮問題，事實上，三分一年齡介乎二十五至六十歲的女性同樣有脫髮問題，但有別於男性禿頭均是「M字額」及「地中海」，女性通常是頭頂位置變得稀疏，因生育後荷爾蒙改變，導致大量脫髮，其次是精神壓力過大、內分泌紊亂、遺傳因素及缺鐵性貧血病等。

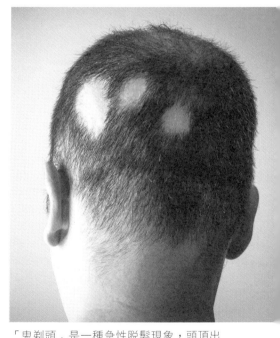

「鬼剃頭」是一種急性脫髮現象，頭頂出現斑塊狀的毛髮脫落（來源：Alex Papp）

除了慢性脫髮，還有一種俗稱「鬼剃頭」的急性脫髮現象，醫學上稱為「圓禿」，這種病表現在頭皮、眉毛、睫毛、手臂和腿等本應有毛髮的地方出現斑塊狀的毛髮脫落。

筆者曾經見過一名女性友人患有鬼剃頭，手指輕輕一抓，一卷卷脫落的頭髮就在指縫間，頭顱出現如錢幣大小的圓形禿頂，相當駭人。而脫髮速度相當快，不久她就要戴上假髮避免尷尬。平均每五十人便有一人患有鬼剃頭，鬼剃頭的特性是來去匆匆，一般注射類固醇就可以讓毛髮再生，甚至不需要治療也能康復。

刮鬍子的是羅馬人

古羅馬人是最早養成刮鬍子習慣的民族，大西庇阿（前235—前183年）是第一個刮鬍子的羅馬男子，迅速普及，男性以此為榮，刮鬍子被看成是羅馬人，不刮鬍子看成是希臘人，因為古希臘男子視沒鬍子是恥辱，只在悼念儀式上才會刮掉。

直至哈德良（76-138年）當上羅馬皇帝，刮鬍子風尚為之大變，哈德良遊歷豐富，博學多才，保存至今的羅馬萬神殿則由他親自設計，被視羅馬帝國以來最有學問的皇帝，哈德良本身崇尚希臘文化，打破三百年傳統，仿效希臘人留鬍子，自此羅馬再次興起蓄鬍子。

然而，從哈德良到拜占庭末代皇帝君士坦丁十一世為止，亦有不少皇帝堅持刮鬍子，包括君士坦丁一世及查士丁尼一世等。正如美國俄亥俄州萊特州立大學歷史學教授奧士東摩

毛髮趣史
簡單的毛髮 不簡單的故事

亞（Christopher Oldstone-Moore），在《論鬍鬚與男性》書中所言：「歐洲人一時倡議留鬚，一時鄙夷留鬚，歷史上反反覆覆四次，都與政治氣候有關。」

　　古羅馬人還有一個習俗，把年青男子第一次長出的鬍鬚獻給神，尼祿（37 − 68 年）剪下自己第一次長出的鬍子，伴以珍珠放進一個金盒內，在卡比托奈山獻給朱庇特神。

羅馬皇帝哈德良崇尚希臘文化，打破傳統不刮鬍鬚（來源：半身像，羅馬卡比托利歐博物館）

林肯留鬚贏總統選舉

1860 年 10 月，在美國總統選舉前夕，十一歲女孩 Grace Bedell 致函林肯：「我有四個哥哥，他們中有兩人已經決定投你的票，另兩人不投給你。如果你讓鬍子長起來，我會盡力

林肯接受女孩 Grace Bedell 的建議，留鬍鬚終贏得總統大選

讓不投你票的兩個哥哥改投給你。所有的女士都喜歡鬍子，她們會叫她們的丈夫投票給你，你就能當上總統了。」

林肯覆信給小女孩：「我從沒有留過鬍子，如果突然開始留鬍子的話，難道你不覺得人們會說那是件愚蠢造作的事嗎？」但林肯還是接納小女孩的建議，果然贏了選舉，成為美國第十六任總統。他當選後往訪女孩，對她說：「看看我的鬍子，是為你而留的！」

鬍鬚多寡跟睪丸素成正比，屬第二性徵，男人面部大約有二萬五千根鬍鬚，中國對鬍鬚分類最為精細，唇上短毛稱「鬍子」，下顎長毛稱為「絡鬚」，臉頰兩旁稱之「鬢角」，長毛短毛加上鬢毛稱為「絡腮鬍」。中國人是蓄鬚民族，鬚髮來自父母，損毀不孝，直至民國崇尚西化，不留鬚漸漸風行，時至今日剃鬚已成生活一部分。

成吉思汗選拔將士的標準首看鬍子（來源：國立故宮博物院）

　　說到鬍鬚的故事，不得不提成吉思汗（1162-1227 年），他認為男人的智慧、勇敢、才氣、膽略、作為，集中表現在鬍鬚上，他本身就是美髯公，最恨那些「婆婆嘴」，認為「嘴上無毛辦事不牢」，他麾下文武大臣全是「留鬍派」，用人唯鬚，選拔將士的標準首先看鬍鬚，其次是才幹。

日本有一則錯弄鬍鬚的有趣故事，1870年，荷蘭軍醫博德溫博士應弟弟之邀請來到日本工作，他欣賞東京上野寬永寺一帶的自然風景，力排眾議，建議明治政府不應在該處大興土木改建醫院，宜規劃成公園讓美麗風光長存，當局從善如流接納意見，這就是日本第一個公園「上野公園」。

　　為紀念博德溫的貢獻，在上野公園百週年慶典的1973年，園方豎立一座博德溫的銅像，結果弄了個錯版出來，銅像的長相不是小鬍子的博德溫，而是他那曾擔任荷蘭駐日領事的大鬍子弟弟，殊料錯了足足三十三年，直至2006年才做回新銅像改過來，還博德溫的真面目。

博德溫（左）在上野公園的銅像弄錯三十三年，直至2006年才改過來（來源：Idutko Chan）

簡單的毛髮　不簡單的故事

第六章

洛可可　浮華盛宴

歐洲一張諷刺畫，描繪高聳入雲的髮型招來飛鳥
的誇張程度

　　十八世紀，法國一張諷刺漫畫，描繪一名貴婦人梳著高聳
入雲的髮髻，惹來一群鳥飛近，隨從需要舉起獵槍嚇走鳥兒，
保護髮髻，這張漫畫看似誇張，但對男女盛行浮誇髮型的洛可
可時代卻描述得入木三分。

洛可可（Rococo）這個字是從法文 Rocaille 和 coquilles 合併而來，意思是像貝殼一樣閃爍，源於十八世紀的法國，是繼巴洛克之後一種藝術與裝飾的風格，特點是華麗精巧、纖弱嬌媚及紛繁瑣細。

洛可可時代，男女喜歡塗脂抹粉，穿高跟鞋及戴假髮

更加貼切地形容，洛可可時代是雌雄莫辨的時代，男女喜歡戴假髮、著高跟鞋、綁絲帶、穿蕾絲衫及塗脂抹粉，雄糾糾和剛猛不合時宜，矯揉造作、女兒氣成為時代的主軸，往後再沒有一個時代這樣追求醉生夢死的享樂，這樣拼盡心血的爭豔鬥麗。

巴洛克時代，假髮是男性專利，女性以真頭髮示人，路易十四時代，流行一種名叫楓丹伊的髮型，由休閒髮型演變成高聳髮型，主要靠布料包裹的底盤，頭髮盤起配以假髮、髮片和接髮，蕾絲一層層地垂下，當時最高的超過半米。

至 1713 年，女性高聳的假髮熱潮消退，取而代之是更加自然的髮型，直至 1770 年代，女性高聳的假髮再度勃興，誇張繁複程度更是空前絕後。

在整個洛可可時代，有兩個領軍人物對髮型影響深遠，一個是路易十五情婦龐巴杜夫人（Madame de Pompadour，1721-1764 年），一個是路易十六王后瑪麗·安東尼（Marie Antoinette，1755—1793 年）。

路易十四時代，女性流行一款稱為楓丹伊的高聳髮型

洛可可女王龐巴杜夫人

首先必須解釋龐巴杜夫人為何只是國王的情婦，並非王后或妃嬪？天主教國家奉行一夫一妻制，離婚是不允許的，尤其是作為國民模範的國王，嚴重者可被逐出教會，當年英國國王亨利八世要與第一任王后凱瑟琳離婚，與教廷鬧翻，教皇把亨利八世逐出教，英國教會亦宣布脫離羅馬教廷。

龐巴杜夫人把前額頭髮梳高，突出頸部位置，造成臉龐瘦長效果（來源：法蘭索瓦・布雪，1756 年）

然而，要國王從一而終也許太難，教廷亦網開一面，折衷方法是國王在婚姻之外，默許他們擁有情婦，在路易十五遇上龐巴杜夫人前是男已婚、女已嫁，路易十五的王后是波蘭公主瑪麗‧萊辛斯卡，龐巴杜夫人原名珍妮‧安托瓦內特‧普瓦松，丈夫是埃蒂奧勒，她原本被稱為「埃蒂奧勒夫人」，因擁有貴族頭銜才能進出王宮，路易十五賜封她為龐巴杜侯爵暨梅那公爵夫人，後世多以「龐巴杜夫人」稱呼她。

　　據說，龐巴杜夫人命中注定是凡爾賽宮的女主人，小時候被母親帶去算命，算命師預言她有妃子命，九歲時她曾對母親說將來要嫁給國王為妻，並以此作為終生目標，她如追星族般四處打聽國王行蹤，得知路易十五喜歡狩獵，她穿著一身藍色及粉紅色花裙，噴上自製的香水在獵場附近森林徘徊，企圖引起國王注意，結果有心人天不負，國王有一次下馬與她交談。

　　這次邂逅並沒令路易十五對她迷上，龐巴杜夫人再接再厲，在凡爾賽宮一場化妝舞會上，她戴著獵神狄安娜假面具，為求國王認得出她，她從化妝成紫杉樹的國王面前走過，路易十五聞到她身上獨特的香味，認得出她，雙雙除下面具相認，國王把她帶離舞會促膝談心，正式成為路易十五情婦，當時她只有二十四歲。

　　龐巴杜夫人美麗聰慧，多才多藝，跟大名鼎鼎的王國首席畫師布歇學畫；她的朗誦老師是一流演員拉魯；詩歌老師是名重一時的詩人克雷畢庸；跳舞老師是舞蹈大師勃代；教她彈琴唱歌的是巴黎劇院的著名歌唱家傑利約特，看完這些資料，你會明白才女是怎樣煉成的！

龐巴杜夫人富有創意及藝術品味高，因其臉型比較圓，把前額頭髮梳高，利用高髻和捲髮來修飾，突出頸部位置，造成臉龐瘦長效果，並在頸脖綁上蝴蝶結配件，更加明豔照人。

她的髮型被爭相模仿，男性也受到啟發，興起前面頭髮向上梳的式樣，美國巨星貓王皮禮士、馬龍白蘭度、周潤發飾演的許文強等經典往上梳的油頭，可以說靈感均來自龐巴杜夫人。1950 年代，美國女性意識抬頭，往上梳又微捲的「龐巴杜夫人頭」再度復興，搭配一條花色的頭巾，成為新時代女性的象徵。

龐巴杜夫人一生是幸運的，集美貌與智慧一身，權傾天下，主宰法國政治、文化和藝術界十八年，雖然在政治上有不少敗績，例如將法國捲入七年戰爭一敗塗地，喪失大批海外殖民地，但對藝術發展功不可沒，她將洛可可發揚光大，把華麗、細緻、甜美的品味反映在髮型、服裝、化妝、擺設、建築及室內設計各方面，堪稱「洛可可女王」。

最難得的是，她獲君王寵幸至死不變，一直是路易十五最倚重、信賴的紅顏知己，1764 年，龐巴杜夫人因肺結核病逝，出殯當日下著濛濛細雨，路易十五因宮中規矩不能紆尊降貴送至愛最後一程，站在凡爾賽宮陽台上默默目送送殯隊伍，深情地說：「夫人的旅行沒有遇上好天氣啊！」

瑪麗王后隆重登場

如果說龐巴杜夫人是生榮死哀的喜劇人物，那麼瑪麗·安東尼王后絕對是悲劇人物，她生於歐洲最顯赫的奧地利哈

布斯堡王室，母親是有「奧
地利國母」之稱的瑪麗亞·
特蕾莎女皇，瑪麗亞·特蕾
莎與俄羅斯伊莉莎白女沙
皇、法國的龐巴杜夫人是當
時最叱吒風雲的女性，左右
歐洲政局。

瑪麗亞·特蕾莎與丈夫
感情很好，生了十六個小孩，
瑪麗·安東尼是么女，她天
生麗質，活潑開朗，原本過
著無憂無慮的生活，一場天
花奪走八姐喬安娜的生命，
在利用婚姻來擴大版圖的哈
布斯堡王室來說，公主只是

瑪麗王后天生麗質，成為洛可可時代
的時尚女王（來源：伊莉莎白·維
傑·勒布倫，1783年）

政治聯姻的工具，維護家族利益的棋子，當時十二歲的瑪麗公
主臨危受命，代替胞姐許配給法國王太子小路易·卡佩，她
的命運軌跡從此改變。

瑪麗·安東尼十四歲第一次月經來潮，母親就把她送往法
國完婚，根據斯蒂芬·茨威格名著《斷頭王后》記載，法國方
面迎接新娘的禮儀相當有趣：「越過國境之後，公主必須完全
法國化，禮節規定她的衣著鞋襪都必須出自法國工匠，一切來
自奧地利的首飾，哪怕是一粒扣子，一枚別針，都不能留下，
這代表公主與過去熟悉生活的訣別。」

瑪麗‧安東尼踏上陌生國度，迎接她的是一場不幸的婚姻，夫妻二人長達七年沒有圓房，因路易有包莖問題，性交會劇痛，他又不解溫柔，表現得對嬌妻興趣缺缺，只愛鑽研製鎖技術，因此被稱為「鎖匠國王」。

　　瑪麗王后生活空虛，唯有徹夜賭博，參加各種舞會，排遣獨守閨房的寂寞。情感的壓抑令她走向極端，既然丈夫冷落她，視她如擺設，她決心爭取成為焦點，以鞏固王后之尊。

　　她苦思冥想怎樣達到目的，兒時熱愛的洋娃娃帶給她靈感，於是打扮得如同洋娃娃一樣美麗動人，瑪麗有天使的外表，模特兒的身材，在兩大「時尚達人」女時裝設計師羅絲‧貝兒坦（Rose Bertin，1747-1813年）和髮型師雷歐納（Léonard，1751－1820年）的塑造下，瑪麗王后由平平無奇的王后搖身一變成為時尚女王，三人組成的「鐵三角」更激發出洛可可時代最耀眼的光芒。

女時裝設計師貝兒坦

　　羅絲‧貝兒坦出身寒門，十六歲那年，她獨闖巴黎，跟製帽商當學徒。有一天，她被派去給康蒂公主（路易十四的女兒）送禮帽，她不知對方尊貴身分，以為是普通女僕，與她聊起天來，公主發現她很有魅力，性情坦率，表明身分後

女時裝設計師貝兒坦為王后創造了羽毛髮型，大獲好評（來源：維基百科）

要求她為即將而來的王室新娘做嫁妝。

　　公主慧眼識英雌，貝兒坦亦沒有令她失望，漸漸打出名堂，1770 年開設自己的服裝店 Le Grand Mogol，不少貴婦成為客戶，她設計了全新時尚打扮的娃娃，送到外國宮廷或富豪大宅，遍及英國、俄國、西班牙、葡萄牙、德國、義大利、伊斯坦堡和美國，這種宣傳促銷手法十分成功，每月一次寄出的時裝娃娃，很快收到大批訂單。

瑪麗王后受貝兒坦影響，終生熱愛羽毛頭飾

貝兒坦包辦瑪麗王后的時裝及打扮，被戲稱為「時尚大臣」，她建議王后仿效龐巴杜夫人把頭髮向上梳，配以大羽毛作裝飾，頭上的羽毛如同一個問號，別致優雅，結果引起時尚潮流，瑪麗王后為了滿足對羽毛的需求，要求大臣從世界各地進口奇珍羽毛。

　　貝兒坦為王后創造了羽毛髮型大獲好評，髮型師雷歐納更加異想天開，每次出手都是驚世駭俗的作品，他把一隻裝了金絲雀的籠子梳進王后高聳的頭髮中，讓她無論走到哪兒都能聽到悅耳的鳥聲，這個創舉引起全場哄動，瑪麗王后再次成為焦點。

　　雷歐納可說是髮型魔法師，任何玩兒皆敢放進頭髮上，在慶祝法國海軍取得勝利的場合上，雷歐納替王后頭髮梳造成海浪，托起一艘三桅海船，再一次引起在場人士不絕的讚賞聲。

　　每天清晨，雷歐納駕駛六匹馬車，派頭十足駛進凡爾賽宮，運用各種工具托起王后假髮，如髮夾、潤滑油、

雷歐納擅長設計誇張髮型（來源：維基百科）

極細的金屬絲、馬毛製的底盤，除了一般常用的緞帶和羽毛外，還加上微型蠟像如小愛神、蝴蝶、刺蝟、鳥兒等造型。在一幅諷刺漫畫上，雷歐納手持觀測儀器，指揮在梯子上的助手作業，在他的一雙巧手中，髮型不單是藝術品，更融合力學和建築學的知識。

雷歐納為王后創造的海船髮型，引起全場矚目

法國諷刺漫畫，嘲笑雷歐納為客人創造高聳髮型的詼諧過程

頭髮愈高愈接近神

在瑪麗王后的影響下，高聳髮型再次風靡法國，發展至對高度的瘋狂追求，她們深信「頭髮愈高、愈接近神」，有些髮髻竟高達約一米，超過自己身高的一半，坐馬車時需把頭伸出窗外，或索性拆除車頂變成開篷馬車。

製作這些高髮耗時費力，隨時需要半天時間，完成後可維持一個月左右，因無法洗頭及不斷撲粉保持色澤，嚴重惹蝨，且不能躺睡床上，出入也極不方便，但為求一刻美麗和一聲讚美，女人是可以毫不計較的。

由於高聳髮型可達一米高，外出需要乘搭經過特別改造的開篷馬車

路易十六長年不行房，關係到波旁王朝存續，他在巨大壓力下接受手術，改善性無能問題，結果瑪麗王后生了三個孩子，享受到為人母親的喜悅，但她已習慣成為焦點，扮演引領法國時尚潮流的繆斯，花在打扮的開銷越趨驚人。

按規定，王后每季要做十二套正式禮服、十二套晚禮服和十二套普通禮服，另每年添置一百多套各式衣服。單是 1779 年，王后的服裝費高達近三十萬里弗爾（折合一千五百萬美元），這個數字自王太子出生後又翻了一番。

　　國民窮得連麵包也沒得吃，飢餓中呻吟著，凡爾賽宮還在夜夜鶯歌燕舞，漠視巴黎上空，一團團烏雲正越聚越厚，1789 年法國大革命爆發，民眾攻陷巴士底監獄，凡爾賽宮也相繼失守，王室家族成了階下囚。

　　瑪麗王后的珠寶、假髮及衣服等收藏品塞滿三間屋子，革命分子如獲至寶，證明「革命無罪，造反有理」，對外開放參觀，讓大眾知道王室的奢侈程度，民眾目睹王后無數的飾品和衣物，對她恨意更深。

　　1793 年 10 月 16 日，是瑪麗王后最後一次成為世人焦點，今次頭上沒有高聳入雲的假髮，身旁沒有趨炎附勢的貴族大臣，頭頂只有閃閃發光的斷頭台斬刀，周圍是咆哮的民眾：「無恥的瑪麗‧安東尼，處死她！」

　　協和廣場人山人海，他們在等待觀看處決王后的場面，瑪麗‧安東尼穿著白裙、戴上普通帽子及穿著黑皮鞋，其頭髮在獄中被剪短了。面對大革命的衝擊，王室成員一個接一個被處決，瑪麗王后飽受打擊，雖然離開監獄前簡單梳妝打扮過，但難掩憔悴，她顯得很蒼老及弱質纖纖。

瑪麗王后送上斷頭台時，穿上平民裝束，但談吐
儀表不失王后威嚴

　　群眾對她的侮辱聲不絕，瑪麗王后沒有辯駁，緊閉的雙唇
鎖著倔強，她是法國波旁王朝的王后、奧地利哈布斯堡王室公
主，死也要保持尊嚴，她步上刑台時不慎踩到劊子手的腳，還
向他道歉：「先生，對不起！我不是故意要這樣做的。」人生
最後一句說話，也不失王后應有的高貴氣度和禮貌。

　　斷頭台的利刀喀嚓一聲，芳華絕代的瑪麗王后香消玉殞，
終年三十七歲，其誇張髮型也從歷史中退幕，洛可可時代一去
不復返。

說實話，波旁王朝的覆亡罪不在瑪麗王后一人身上，路易十四晚年國力已漸衰，路易十五進一步積弱，當路易十六登基時，帝國已成一個爛攤子，沉痾難治，帝國崩潰只是遲早之事。

　　瑪麗王后生前沒有殺過一人，沒有推行一項暴政，她生活奢侈糜爛，很大程度是報復婚姻的不幸，人生的不如意，何況自路易十四以來，一直鼓吹生活奢侈，彰顯帝王的威儀及富有，震懾地方貴族，所以瑪麗王后罪不致死，只是生不逢時，成為沒落王朝的陪葬品。

第七章

白髮　金髮

頭髮失去黑色素便會長出白髮（來源：Subbotina Anna）

一夜白髮，在小說及漫畫中充滿渲染力及震撼力，往往表現一個人在心理上受到極大打擊，或者焦慮不已。

　　梁羽生名著《白髮魔女傳》中，練霓裳武功非凡，樣貌出眾，她和武當派未來掌門人卓一航相愛，本是郎才女貌，但武當派認為她是旁門左道，不配卓一航，練霓裳傷心欲絕，一夜白頭，人稱「白髮魔女」。另外，馬榮成的漫畫《中華英雄》中，華英雄為與東瀛第一高手無敵決鬥，閉關苦思破敵之法，出關時變得滿頭白髮。

　　歷史上，一夜白髮亦非新鮮事，春秋時代，伍子胥（前559－前484年）被楚平王派人追殺，逃亡至韶關時憂心如焚，不知如何過關，漸漸地白髮滿頭，東皋公將計就計，找一位和伍子胥貌似的人，分散守兵注意，伍子胥白了頭髮，換了服裝，也趁亂過了韶關。

　　明朝末年，闖王李自成（1606－1645年）帶領農民在陝西米脂起義，要打過黃河去，推翻明王朝的統治。當時正值初冬時分，黃河水還未結冰，大軍難以順利通過，闖王日夜焦心，愁得鬍鬚頭髮全白了。

　　建築泰姬陵的印度莫臥兒帝國皇帝沙賈漢（1592-1666年），妻子泰姬‧瑪哈爾是來自波斯的絕色美女，美麗聰慧，善解人意，深得沙賈漢歡心，每次外出征戰，泰姬‧瑪哈爾總侍候在側，形影不離，但好景不常，1631年，泰姬‧瑪哈爾正懷有第十四個孩子，仍無懼艱辛，如常陪伴丈夫南征，因舟車勞頓，行軍途中難產去世，年僅三十六歲，沙賈漢傷心欲絕，飽受打擊，據說一夜之間滿頭白髮。

那麼頭髮真的可以一夜變白嗎？答案是不可能的，頭髮之所以有顏色是因為其中含有黑素顆粒，黑素顆粒是由毛囊裡的黑素細胞，受到某些原因影響，黑素細胞因絡氨酸障礙，新長頭髮不含黑素，就會是白頭髮。

頭髮生長速度緩慢，一天約長零點四毫米，一個月只長一點二五毫米，所以絕不可能一夜白髮，要全部頭髮變白，至少半年時間。

筆者在二十多歲時開始出現白髮，其中兩鬢越來越多，至今已是兩鬢斑白，並留意到許多朋友都是從兩鬢開始生白頭髮，

沙賈漢因喪失愛妻，飽受打擊，據說一夜白髮（來源：維基百科）

原來頭髮位置佈滿許多器官的反射區，前額白髮反映脾胃失調，後腦白髮是腎氣不足，兩鬢位置是肝臟反射區，比如肝火旺盛都容易令兩鬢斑白。

羅馬皇后的金假髮

　　古代羅馬，瓦萊里婭・麥瑟琳娜（Valeria Messalina）是令人咋舌的奇女子，她是羅馬第四代皇帝克勞迪亞斯的妻子，貴為皇后，卻性情放蕩，不但四處勾引其他男性，更趁丈夫熟睡之際，偷偷溜出皇宮走上街頭接客，她的賣淫房間，門口還掛著「柳姬絲嘉」的藝名。

羅馬皇后瓦萊里婭・麥瑟琳娜以性情放蕩聞名（來源：Hans Makart，1875 年）

北歐的日耳曼民族擁有南歐人羨慕的金髮（來源：Otto Albert Koch，1866 年）

　　麥瑟琳娜在街頭接客，相信會戴上金色假髮，因為這是妓女的標誌。屬於地中海拉丁人種的羅馬人，普遍髮色是褐色或栗色，金髮多見於北歐日耳曼人，羅馬人的金色假髮均是從日耳曼人那處得來，有些豪門貴婦為了隨時擁有金色假髮，豢養大批日耳曼女奴。

除了女人，羅馬男性亦對金髮趨之若鶩，羅馬皇帝尼祿（37－68年）習慣在頭上撒上金粉，以示尊貴。康茂德（161－192年）皇帝會戴上一頂抹了油的假髮，在上面撒上一些金子的碎屑，造成一種閃閃發光的光環形象。

在北歐歷史上，有一名綽號「金髮王」的國王哈拉爾德（Harald，850-933年），是第一位統一挪威的國王，創立了「金髮王朝」，歷一百八十二年。哈拉爾德十歲繼承王位，雖然當時只統治西福爾德王國，挪威眾多小王國之一，但其王國在祖輩幾代努力下相當富庶，為他統一挪威打下基礎。

哈拉爾德原本是毫無野心，只顧享樂的國王，因一次求婚不遂激發鬥志，事源於他得知霍蘭達王國的居達公主美若天仙，派出使者前往求婚。但傲慢的居達拒絕，理由是不願委身於「僅僅統治尚不及一個郡大的小王國的國王」，假如哈拉爾德想要娶她，必須統一整個挪威。

哈拉爾德決定洗心革面，立誓：「在整個挪威被我統治之前，我將不再修飾打扮，也不再修剪我的頭髮。」南征北討十年，他果然不剪髮，任憑金髮如獅子鬃毛般狂亂飛舞，最終如願一統挪威，娶得美人歸，當時一名手下為他梳頭剪髮時，送給他一個著名的綽號「金髮王」。

希特勒的金髮孩子

金髮不單關乎外表儀容，亦是政權神話的基礎，最推崇金髮的政權無異是納粹德國，希特勒（1889－1945年）本身的髮色是棕黑色，具諷刺的是，希特勒是史上最瘋狂的反猶主義

者，但他身上可能流著四分一猶太人血統，2010年，有專家將現存的希特勒三十九位親戚進行DNA分析，結果發現一種北非黑人和猶太人才會帶有的特殊染色體。

據聞希特勒的祖母安娜曾在奧地利猶太家庭當女傭，當年四十五歲的她與少主發生關係而誕下希特勒父親阿洛伊斯，這宗不堪的家族醜事，加深希特勒對猶太人的仇恨，希特勒多次當眾咆哮：「猶太人沾污雅利安人的高貴血統！」

希特勒迷信雅利安人種優越論，筆者用「迷信」來形容，是因為希特勒過於狹隘和偏執，雅利安人並非全部金髮碧眼，伊朗和印度的是黑頭髮，金髮多在北歐，希特勒眼中的高貴雅利安人只是局限於日耳曼人種，非金髮的一律是次等民族，不科學地以髮色定人種優劣，野蠻地以髮色定生存或淘汰。

希特勒上台時，只有不足一成人口是純種日耳曼人

納粹黨 1933 年上台後，德國是否遍地金髮人種？答案是少得可憐，根據德國種族理論家漢斯‧貢特的估計，只有百分之六至八的德國人是純種日耳曼人，可想而知金髮的德國人不多。

　　希特勒為建立一個金髮國度，增加德國「含金量」，採取多項極端措施。大屠殺他眼中的劣等種族包括猶太人及吉卜賽人等，當時歐洲約一千萬人口的猶太人，其中約六百萬人被殺，同時發動戰爭，尤其征服東邊斯拉夫民族的地方，爭奪日耳曼人的生存空間。

　　另一方面，納粹推動「生命之源」人種計劃，為培育最優越的人種，鼓勵德國軍官與金髮碧眼的「純種」雅利安美女發生關係，孕育雅利安後代。德國境內共有十二個「生命之源」生育基地，波蘭三個、奧地利兩個、比利時、荷蘭、法國、盧森堡和丹麥各有一個，由於挪威金髮美女眾多，建了九個生育基地。

　　納粹又在佔領區搜捕金髮兒童，為防他們身上有劣等種族的血統，醫生會詳細檢查，確保沒有任何猶太特徵，例如黑頭髮、尖鼻及割過包皮等。納粹黨在十二年統治中，共製造約一萬二千名雅利安後代，隨著納粹倒台，這群「希特勒的孩子」境況堪憐，有些終生尋找親生父母，有些遭社會嚴重歧視和唾棄，成為希特勒喪心病狂的人種實驗下的犧牲品。

納粹黨鼓勵國民生育，為國家長遠發展盡力

納粹推出「生命之源」人種計劃，共製造一萬二千名雅利安後代

　　為何北歐人擁有金色頭髮？因為高緯度的北歐嚴重缺乏日照，頭髮裡的黑色素較少，令髮色偏淺。不過，並非北歐人才獨有金色頭髮，南太平洋的索羅門群島，百分之五至十居民天生金髮，但為何陽光充沛的太平洋島國卻出現金髮一族？專家發現金髮也可以通過不同的基因突變中產生，索羅門群島的金髮居民可能與基因 TYRP1 變異有關。

南太平洋的索羅門群島有居民天生金髮（來源：Oliver Foerstner）

第八章

紅髮　歧視取笑

　　紅色，對中國人來說，是吉祥喜慶的顏色，結婚的紅色旗
袍，春節的紅色利是，總之是大紅大紫，越紅越好。

紅髮在西歐一直受到歧視（來源：romeovip_md）

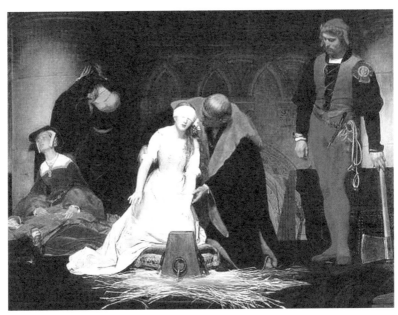

中世紀的獵巫行動，只要女子擁有紅頭髮及鷹鉤鼻，便定性為女巫，加以迫害（來源：德拉羅什，1833 年，倫敦國家美術館）

　　但在西方，擁有紅色頭髮是一種「原罪」，被視為惡魔和女巫的化身，受盡歧視。古埃及人用紅頭髮的人做活祭，獻給邪神賽特（Seth）。古希臘人把紅頭髮的人獻祭給風暴巨人堤豐（Typhon），以平息其怒火。

　　中世紀的獵巫行動，只要女子擁有紅頭髮及鷹鉤鼻，就定性為女巫，施以火刑燒死。1450 至 1750 年約有三萬五千至十萬人以「獵巫」的名義被處決，相信不少是紅髮族。

紅髮的孩子，被認為是野蠻不聽話；紅髮的成人，被標籤為虛偽、凶險、狡猾、誘惑、背叛及性慾旺盛。在英語世界，紅髮（Ginger）這個字就有責備的負面意思。

英國許多紅髮小孩遭到欺負，有人被迫轉校甚至自殺。2012年，一名紅髮男子遭到兩名大漢襲擊，動機只是他的頭髮是紅色的。正如西方小說《清秀佳人》蒙哥馬利慨嘆：「沒有紅頭髮的人根本不知道紅頭髮有多麻煩！」

兩千年的偏見和敵視，真正稱得上「煩惱絲」的相信只有紅髮了，亦是最易招致血光之災的頭髮。

蘇格蘭紅髮人口最多

其實，紅髮並非真正的紅色，包含多種色調不一的髮色，如橘紅色、橘色及銅色。相對於金髮或黑髮，紅髮有四人特點，第一、紅髮的人是因第十六號染色體上有兩個隱性基因（對偶基因）發生突變所致。第二、紅髮者的黑色素相對少，皮膚白皙，對紫外線較為敏感，容易產生雀斑及患皮膚癌。第三、紅髮的光澤特殊及飽和，分外搶眼。第四、紅髮的整體髮絲數量最少，哈佛大學的研究顯示，以一頭金髮來說，一般有十五萬根髮絲；啡髮是十一萬根；黑髮有十萬根；紅髮只有九萬根。

全球人口大約百分之一至二擁有紅髮，北歐與西歐較多，蘇格蘭約有百分之十三的人口為紅髮，是全球「最紅」的地方，羅馬時期，蘇格蘭被稱呼為克里多尼亞（Caledonia），即紅髮人之地。而英格蘭、愛爾蘭和威爾斯約有一成人口擁有紅髮。

全球人口大約百分之一至二擁有紅髮（來源：
Albert Herter，1894年，史密森尼美國藝術博物館）

　　為何英倫三島擁有最多紅髮族？有科學家認為與氣候有
關，陽光強弱影響黑色素多寡，直接左右髮色深淺，南歐陽光
燦爛，當地人以較深的棕髮為主，北歐陽光不足，產生淺色的
金髮，紅髮是介乎棕髮與金髮之間，換言之紅髮是對蘇格蘭、
愛爾蘭和英格蘭北部特殊氣候的適應結果，預計隨著全球氣候
變暖，晴朗日子增加，至2100年紅髮者將不復存在。

尼安德特人可能是紅髮族祖先（來源：IR Stone）

　　但有學者指紅髮族將絕種是荒謬的，更否定氣候論說法，認為紅髮與消失的原始人種尼安德特人有關，約三十萬年前，尼安德特人由非洲遷徙至歐洲定居，從他們的骸骨化石抽取DNA 分析，發現尼安德特人有變種基因 MC1R，能終止生產黑色素，出現像蘇格蘭人的紅髮。

英倫三島的原住民是凱爾特人，是尼安德特人與智人的混血後代，繼承了紅髮基因，凱爾特人原本是歐洲最古老民族，遍佈大半個歐洲，但隨著拉丁人、日耳曼人及斯拉夫人的崛起，他們的活動範圍不斷收窄，現時多集中在英倫三島及法國布列塔尼地一帶。羅馬凱撒

凱爾特人是歐洲原住民，最大特徵是紅頭髮

大帝的《高盧戰記》中記載，凱爾特人最大特徵是紅頭髮，而蘇格蘭人、愛爾蘭人和威爾斯人正正是凱爾特人的後代。

紅髮奇女子艾莉諾

歷史上有不少紅髮名人，包括英國獅心王理查、亨利八世及伊麗莎白一世，不得不提獅心王理查的母親，亞奎丹的艾莉諾（Eleanor of Aquitaine，1122 － 1204 年），亦擁有一頭紅髮，她一生傳奇，是亞奎丹公爵威廉十世長女，繼承父親爵位，擁有法蘭西四分之一的國土。

她嫁給法王路易七世（1121-1180 年），路易七世是法國最虔誠的國王，被形容為「懺悔者愛德華在法國的化身」，過著苦行僧的生活，行房對他來說是一件苦差，醜惡之事，每次

亞奎丹的艾莉諾擁有一頭紅髮，曾先後擔任法國和英國的王后

他都草草了事，然後帶著痛苦去懺悔，艾莉諾曾抱怨自己嫁給一個僧侶，而不是國王。

路易七世雖然抗拒房事，但內心還是挺喜歡這位歐洲第一美人、性格活潑的妻子，原本可以廝守終生，無奈艾莉諾只生了兩名女兒，路易為了王朝的存續，選擇與艾莉諾離婚，教廷以近親結婚為由，宣布這宗婚姻無效。

二十八歲的艾莉諾回復單身後，因富可敵國，擁有龐大領地，不乏追求者，最終下嫁年輕她九歲的英國亨利二世（1133-1189 年），自此亨利交上好運，諾曼王朝末代國王斯蒂芬死後，亨利二世加冕為王，開創金雀花王朝，艾莉諾貴為王后，是歷史上唯一女子先後擔任法國和英國的王后。

艾莉諾為亨利二世生下了四男三女，其中就有獅心王理查一世和簽署《大憲章》的約翰王，其中理查一世繼位時，獲得母親的亞奎丹領土，加上諾曼第及安茹兩公國，英王控制近半個法國，種下英法百年戰爭的禍根。

梵高被嘲笑紅髮瘋子

荷蘭人威廉‧艾斯伯蘭‧澎德是十七世紀初一位橫行中國東南海域的海盜，曾在澎湖活動近兩年，此人樣貌凶惡，紅髮、紅鬚、紅眉，中國人因此稱荷蘭人「紅毛番」。台灣曾是荷蘭的殖民地，紅毛遺跡不少，新北市淡水區就有一座紅毛城（古稱安東尼堡），1644年，由荷蘭人於聖多明哥城原址附近重建；高雄市小港區亦有一處歷史悠久的紅毛港。

印象派畫家梵高（Vincent Willem van Gogh，1853 － 1890年）也是紅髮紅鬚的荷蘭人，他的一生就是紅髮被歧視的最佳寫照，梵高讀書時一頭紅髮常被同學嘲笑，陷入苦惱，選擇逃學躲避見人。

梵高在從事畫家的生涯中，生活異常窘迫，患有嚴重抑鬱症，在世時連妓女也看不起他，跑去法國南部阿爾定居作畫，因與另一印象派畫家高更關係緊張，致精神失常，割悼自己左耳，當地居民揶揄他為「紅髮瘋子」，受盡白眼，1890年7月27日，梵高開槍自殺，一度獲救，最終因傷口感染去世，年僅37歲，留下的遺言概括了自己不幸的一生：「痛苦永存！」

印象派畫家梵高曾被揶揄為「紅髮瘋子」（來源：梵高自畫像，1887年，芝加哥藝術學院）

第九章

改革（上） 從頭開始

雖然頭髮和鬍鬚是人類與生俱來的東西，但髮式鬚款卻是文化和政權的延伸，俄國彼得大帝（1672-1725年）厲行西化，下令剪去百姓大鬍子；滿清入關後，易於辨識順逆，下令「剃髮令」，強迫漢人剃髮易服，引起漢人極大反抗，滿清殘酷鎮壓，為了一條辮子，不惜釀成「江陰十日」、「嘉定三屠」大慘劇。

俄羅斯深受東正教影響，男性喜歡蓄鬍鬚和留長髮，認為這樣代表虔誠，與上帝和耶穌形象保持一致，礙於由青年到老年個個蓄大鬍子，暮氣沉沉，俄羅斯被西歐揶揄為老人國度。

俄國彼得大帝改革國家陋習，由剪大鬍子開始（來源：讓・馬克・納蒂埃，1717 年，俄羅斯冬宮博物館）

1697 年 3 月 10 日，彼得大帝率團出訪西歐，極度欽羨西歐的科技和文化，認為俄羅斯若能擁有相關技術，必定強大起來，決心帶領俄國走上西化之路。

　　彼得大帝一回到俄國，看見成群貴族迎接，個個大鬍子毫無朝氣，心中有火，便隨身攜帶一把剃刀，準備剃去貴族的鬍鬚，向落後愚昧的傳統一刀兩斷。

俄羅斯深受東正教影響，男性喜歡蓄鬍鬚和留長髮，看起來暮氣沉沉

彼得大帝頒布禁蓄鬍的法令，下令國民剪去大鬍子

　　彼得頒布禁蓄鬍的法令，引起臣民反彈，彼得只好收取「鬍鬚稅」，用錢買回留鬚權力，除了神職人員和農夫豁免外，城市居民每年交三十盧布、領主和官吏六十盧布、富商一百盧布。

入城男子只要繳交一筆稅項，可以暫時保留珍愛的鬍子，獲當局派發一枚刻有「已剃鬚」及年分的銅幣，而拒繳稅項的人可能遭到判監及強制剃鬚。彼得的改革從剃鬚開始，一直延伸到各個領域，最終將俄國帶上西化之路，走出中世紀的落後面貌。

李元昊恢復禿頭古風

　　在東方，西夏皇帝李元昊（1003 － 1048 年）的髮式改革，與俄國彼得大帝的改革剛好相反，他決心帶領族人走回黨項族禿頭的傳統，徹底去漢化，他眼見族人學習漢人蓄髮，遺忘禿髮的傳統，擔心長此下去，喪失民族性。

黨項族的禿頭髮式，在北方遊牧民族中常見（來源：胡《出獵圖》，遼朝，國立故宮博物院館）

希臘歷史學家希羅多德曾提到有禿頭人部落（來源：半身像，大都會藝術博物館）

他上台後第一道命令就是禿髮令，凡黨項男子，三天內一律剃光頭頂，只留邊緣一圈結成短辮，否則格殺勿論，他更以身作則，率先換上傳統髮式。李元昊深信塑造民族特性，比開疆闢土更重要，改革後，黨項人一掃漢人蓄髮的柔弱作風，變回昔日弓馬嫻熟的強悍民族，與遼、宋鼎足而三。

黨項族的禿頭髮式，在北方遊牧民族中頗為常見，牧民離不開馬，打獵覓食，拉弓射箭時，一旦被散髮或額前劉海遮擋視線，定必前功盡廢，為了方便，禿頭髮式最為適合。

希臘歷史學家希羅多德（約前484－前425年）曾提及，在今天土庫曼斯坦這塊土地上，存在過禿頭人部落：「放眼塞西亞人的國度……，你會來到高山底下的

禿頭人聚落，這裡的人可說是不分男女，從出生以來就是禿頭，有著扁平的鼻子和很長的下巴。」

雖然希羅多德的《歷史》充滿虛構和不實的材料，但在游牧民族地方，如黨項族等禿頭部族存在已久，只是並非天生的禿頭，而是人為修剪來適應游牧環境。

滿清留髮不留頭

西夏李元昊的禿髮令，頗有「留髮不留頭」的意味，但相對滿清的雷厲風行，還是小巫見大巫，作為女真人的滿清，男子一般把頭頂中間一撮頭髮留長，結成辮子，其餘四周剃光，稱為「金錢鼠尾」。

滿清入關後，強迫漢人剃頭易服

為了表示降服，滿清習慣把征服地人民強迫剃頭易服，1645 年 6 月 16 日，順治皇帝頒布「留頭不留髮，留髮不留頭」的剃髮令。不過，漢人有蓄髮傳統，認為「身體髮膚，受之父母，不得毀傷」，惡法一出，群情洶湧，四處反抗，其中江南漢人反抗最烈，由蘇州一路蔓延至常熟、太倉、嘉定、崑山、江陰、嘉興及松江等。

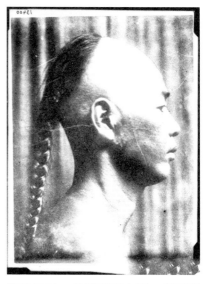

清朝男子一般將頭頂中間一撮頭髮留長，結成辮子，其餘四周剃光，稱為「金錢鼠尾」

清朝鐵騎殘酷鎮壓，單是江陰一城共二十萬人被殺；嘉定更發生三次慘絕人寰的大屠殺事件；漢人捍衛髮權的浴血戰，最終不適滿清的血腥鎮壓。

清兵組織許多剃髮匠，穿街走巷，凡蓄髮者即抓來剃髮，違者殺，梟首擔杆之上，給反抗者嚴厲警示，後來，清一代的剃髮匠擔上仍保留著一根旗杆，起源於此。

意大利耶穌會教士衛匡國（Martino Martini）當時來華觀見順治帝，目睹漢人為保護頭髮寧死不屈，大為震驚，他向教廷的報告說到：「士兵和老百姓都拿起了武器，為保衛他們的頭髮拼死鬥爭，比為皇帝及國家戰鬥得更加英勇。」

清朝滅亡後，胡蘊玉寫了一部《髮史》，為反抗剃髮令的

仁人志士立傳，明末大臣左懋第拒絕降清，當著攝政王多爾袞面前要求慷慨就義：「斫頭勝於剃頭，惟願速死。」昆山人顧咸建拒絕仕清：「我頭可斷，髮不可剃也。」最終斬首喪命。

至 1911 年 10 月 10 日，武昌起義成功，革命黨人照辦煮碗，用剪辮激發民眾的反清意識，革命軍政府更專門成立「剪辮隊」，上門幫每家每戶剪辮，又以「剪辮子送麵條」的方式，鼓勵當地人剪辮，雖然沒有像滿清執法嚴苛「留辮不留頭」，但就有部分針對性措施，包括為新政府服務的人，不剪辮就沒收工作證、沒糧出等。

武昌起義成功後，革命軍政府專門成立「剪辮隊」

不計「三藩之亂」和「太平天國戰爭」，有傳中國剪辮子第一人是香港人馮鏡如，1895 年 4 月《馬關條約》簽訂之後，他當時在日本橫濱開設「文經活版所」，專營外國文具及印刷

事業，因痛恨清政府腐敗無能，憤然剪辮，以表示與清政府決裂，同年在日本組建興中會，誓要推翻滿清。

孫中山的剪辮子亦受馮鏡如影響，1895年廣州起義失敗後，孫中山東渡日本橫濱避難，11月20日，在馮鏡如的店舖剪掉辮子，以示決心把反清革命進行到底。至於蔣介石，1905年在寧波讀書時，計劃去日本留學，便剪去辮子送給母親，表達去意堅決。毛澤東則較晚，1911年剪掉。

然而，經過滿清二百七十八年的統治，潛移默化下，剃髮易服的滿人傳統深入部分漢人骨髓，民國時代，仍有不少人對留辮有著留戀難捨之情，包括國學大師辜鴻銘（1857－1928年），有人更成立「保辮會」護辮，甚至發生被強迫剪辮者尋死自殺激進事件。

大清辮子的最後迴光返照，是「辮帥」張勳（1854-1923年），大清滅亡後，為表忠於清室，張勳拒絕剪辮，他率領的定武軍（新建陸軍）共三萬人，全部留著辮子，人稱「辮子軍」，如同最後一支清兵，在民國新時代，剪辮熱潮下，張勳能保留一支三萬人的辮子軍簡直匪夷所思。

國學大師辜鴻銘一生堅持留辮

張勳為表忠於清室，堅持留辮，被稱為辮帥
（來源：維基百科）

　　原來，張勳治軍甚嚴，其部隊駐紮徐州期間，有士兵外出時遭人嘲笑戲弄，不堪受辱把辮子剪去，張勳聞言大怒，把幾個士兵斬首，從此定武軍軍容整齊，個個拖著長辮子。

　　1917 年，張勳發動政變，擁戴宣統皇帝復辟，歷時僅十二天，進京的辮子軍被皖系軍閥段祺瑞擊潰，大批辮子軍投降，段祺瑞顧念他們忠勇，剪了他們的辮子後遣散回鄉，張勳

則逃入荷蘭駐華公使館，荷蘭大使建議他剪掉辮子，方便逃亡，張勳反高潮竟然答允，剪辮之時，張勳對其妾解釋：「我過去不剪，是不忘故主，不降民國的表示，今天要剪，是要去入外國籍了」。

中國最後一支辮子軍以潰敗收場

改革（下） 變髮圖強

明治天皇以身作則，改蓄西式髮型，把肖像發送全國（來源：維基百科）

　　　　　　　　　　　改革（下）　變髮圖強　第十章

1873 年 10 月，日本各地政府的官廳和學校，懸掛明治天皇（1852-1912 年）的肖像（御真影），許多人情緒激動，第一次看到天皇的尊容，亦第一次看到西式髮型。

　　相中的明治天皇頭髮梳成六四分，穿上西洋軍裝，手持軍刀坐在洋椅上，雖然表情有點覷覰，姿態也很生硬，但這一身西式戎裝和打扮，在當時日本確是石破天驚的創舉。

　　二十一歲前，明治天皇仍留著傳統髮髻，維新運動推行了五年，明治天皇對是否剪掉髮髻一直猶豫不決。1871 年，政府頒布「散髮脫刀令」，俗稱「斷髮令」，內容是華族（公卿、藩主階級）、士族（武士階級）可以自由選擇帶刀、斷髮與否。

　　不過，斷髮的人少，反對的人多，即使天皇及朝廷上下還是保留著傳統髮型，沒有響應剪掉，為甚麼？日本人盤髮髻歷史悠久，公元 682 年，天武天皇發佈詔書：「自今以後，男女悉結髮。」日本學習中國大唐的髮型，男性頭頂結髮髻，漸漸形成獨特的「丁髷」。

　　「丁髷」髮型是頭頂剃光而後腦勺紮髻，尾部一絡長髮向前伏在頭頂上，頭頂看似漢字「丁」，故名「丁髷」，打鬥時因不會阻擋視線，又能穩固武士頭盔，大受武士歡迎。

　　祖宗之「髮」不敢棄，移風易俗動搖國家根本，弄不好隨時影響統治權威，令明治天皇有所顧忌，直至 1873 年，日本維新三傑之一大久保利通，率先斷髮入朝面聖，群臣無不駭然，明治天皇大受鼓舞，不久也剪掉髮髻，改蓄西式髮型，並拍照發放全國，為維新改革造勢，同時推出稅務優惠政策，對理髮館減稅，對結髮館加稅。

日本武士視髷髮和佩刀為身分象徵

　　皇后美子亦為丈夫站台，在宮中帶頭穿洋服，改西式髮型，鼓勵文明開化，生活改良，當時日本女性盛行盤髮髻，據統計有二百七十多款，盤髻過程繁雜，部分還要加上假髮髻，再抹上髮油挽束，又不能經常洗頭，極不衛生，女性對頭部大解放皆表歡迎，紛紛拋棄繁瑣的髮髻。

　　明治天皇發放御真影不久，決定落實執行「散髮脫刀令」，向「護髮」最頑固的武士階級動手，武士們騷抓髷髮的頭頂，迷惑地忖度：「天皇在搞甚麼？當初不是說好自由選擇嗎？」，同年政府又推行徵兵制，符合一定條件的男性，必須服兵役，武士們又摸著頭頂想來想去，發覺有點不對勁，1876年，政

府宣布取消武士俸祿，要求他們自力更新，武士們拍打額頭恍然大悟，原來天皇是有心針對武士階級。

事實上，明治天皇親政以來，是有意削弱藩主及武士的勢力，提高皇權，避免重蹈幕府干政的覆轍，只是擔心落藥太猛引起叛亂，以溫水煮青蛙方式一步步削去武士階級的特權。

武士的蓄髻要剪掉，佩刀要上繳，現在全民皆兵，西式軍隊建立，武士的飯碗被打破，俸祿也沒有，許多武士被迫從事低賤工作維生，自尊心大受打擊。是可忍，孰不可忍，大批武士奮起反抗。

1876 年 10 月 24 日，熊本縣士族掀起神風連之亂，27 日福岡縣士族掀起秋月之亂，28 日山口縣士族掀起萩之亂，1877年 2 月爆發「西南戰爭」，日本最後一場內戰打響，大批失意武士聚集薩摩武士西鄉隆盛麾下，為「武士之魂」作垂死掙扎，結果遭到無情鎮壓，保守勢力消滅殆盡，西式髮型漸漸普及起來，有趣的是髷髻沒有從此消失，由相撲手保存至今。

寧為斷髮鬼不作剃髮人

日本對岸的朝鮮王朝，1895 年，朝廷亦下達「斷髮令」，要求百姓改蓄西式髮型，走現代化富國強兵之路，國王高宗（1852-1919 年）帶頭剃髮，鼓勵百姓跟隨，結果引起軒然大波，民變、政變、國王倉皇出逃接連發生，相對於中國清初漢人護髮民變有過之而無不及。

在大中華文化圈的國家中（中國清朝、日本、朝鮮、安南及琉球），最推崇儒學的，無庸置疑是朝鮮，朝鮮以儒學立國，

繼承中國人的頭髮觀，同樣習慣蓄髻，更發展出獨特的帽子文化，黑笠、戰笠、儒巾、宕巾、祭冠、翼善冠及程子冠等琳瑯滿目，每款帽子都有特殊功能。

朝鮮高宗曾下達「斷髮令」，實行西化改革，引發嚴重民變（來源：維基百科）

黑笠是古時朝鮮男性常戴的帽子

　　以馬尾、烏紗、竹編成的黑笠為例，可以遮陽擋雨外，還可用於分辨貴族、官員及百姓的身分。另一款名叫程子冠帽子，相傳與宋代理學家程頤及程顥有關，是貴族、士大夫退朝後，在家所戴的休閒帽子。

笠帽的作用均是保護髮髻，可見朝鮮人對頭髮的重視程度，視剃髮為不孝，「斷髮令」公布後，一時間民變四起，政府內部亦遭受強烈抵制，批評斷髮是「夷狄之法」，反對聲浪高漲。

民眾認為是日本的鬼主意，殺害親日的金弘集內閣成員及當地日本人，政府派兵平亂，不少人被拘禁甚至被殺害，儒生安炳瓚自刎前，留下衣袍血書控訴：「寧為斷髮鬼，不作剃髮人！」

1896 年，反日義兵欲推翻政權，史稱「初期義兵運動」，起義擴及全國，漢城派出軍隊四出鎮壓，首都兵力空虛，李範晉和李完用等親俄派官員趁機發動政變，在俄羅斯及親俄派官員協助下，高宗父子企圖逃離景福宮，擺脫日本人控制，兩人不理女性轎子不能觸碰的風俗禁忌，乘坐女性轎子逃亡貞洞街的俄羅斯公使館，建立新政府，史稱「俄館播遷」。

面對民情激憤，1897 年 8 月 12 日，高宗收回成命，同年 10 月，高宗宣布改國號為「大韓帝國」，由國王升格為皇帝。1904 年日俄戰爭爆發，在朝鮮的俄軍視斷髮者為日本間諜加以殺害，許多僧人枉死，日俄戰爭以俄國戰敗告終，俄羅斯勢力撤出朝鮮半島，此時的韓國實質上已是日本人的禁臠，日本主導的西化改革繼續推行。

1905 年，高宗又頒布斷髮令，但今次學精了，只局限中央及地方官員，沒強迫民眾剃髮，1910 年，韓國被日本吞併，斷髮才在朝鮮半島各個階層全面推廣，相隔十五年，朝鮮百姓也逐漸接受，政府亦以號召和宣傳代替強制執行，避免激發民變。

安娜與國王拉瑪五世

相對於日本明治天皇、朝鮮國王高宗，泰王拉瑪五世朱拉隆功（1853-1910年）是唯一走出國門，親自視察西方現代化文明的君主，他一系列改革影響泰國深遠，挽救國家免於殖民地化，被譽為「現代泰國締造者」。

事實上，朱拉隆功對西方的認識遠遠超越同時代的亞洲君主，有兩個人對他啟蒙至深，第一個是父親拉瑪四世蒙固，蒙固為人好學，

拉瑪五世是當時最了解西方文明富強的亞洲君主（來源：維基百科）

未登基前已大量吸收西方知識，懂拉丁文及英語。蒙固在位期間致力於改革，抗衡英法的威脅，可惜不幸死於瘧疾，改革大業半途而廢。

第二個是英國老師安娜，正是電影《安娜與國王》中的安娜，朱拉隆功在安娜身上，不但學識流利的英語，還聽了不少歐美文明與富強的故事，令他大開眼界，年僅十六歲，已前往英國與荷蘭在東南亞與南亞的殖民地考察，以驗證安娜所說的真偽，結果令他深信西方富強而偉大，泰國蒙昧而落後。

朱拉隆功的改革，首先從傳統髮型開始，當時泰國流行一款俗稱「政務頭」的短髮，頭頂頭髮保留，由前梳向後，四周剃得光光，這款髮型始於阿瑜陀耶王朝（1351-1767年），由

於緬甸人頻頻入侵，由 1549 至 1764 年間共九次發兵征泰，其中於 1569 年阿瑜陀耶城第一次被緬軍攻陷，泰王及王室成員成階下囚，被俘往緬甸，泰國淪為緬甸的附庸國。

緬軍第九次征泰，更把阿瑜陀耶王朝滅了，可想而知緬甸對泰國侵害之深。經過二百多年的戰火洗禮，泰國人對髮型積累了智慧，發現短髮非常適應戰爭環境，有利作戰及逃生，當時女性也愛蓄這款髮型，看起來像男性，以保護自己免受緬甸軍強姦。

朱拉隆功下令宮中的侍從改蓄西式髮型，放棄傳統髮型，漸漸影響到民間，由於從上而下推廣開去，沒有明文規定強制執行，加上泰國的傳統短髮跟西式髮型相似，沒有引起民眾太大抵制。

整個十九世紀，東亞及東南亞只有中國、日本及泰國沒有被殖民，並進行了一系列改革，結果是日本成功，泰國半成功，中國失敗。說來湊巧，若以髮型的西化程度來論改革成敗，日本全盤西化最徹底，泰國半傳統半西化，中國最保守，至大清滅亡前仍拖著辮子。改革從頭開始，是否髮型轉變的深度，決定改革成就的高度？

受到二百多年的緬甸入侵的影響，泰國男女均愛蓄類似的短髮

第十一章

戰爭　捐髮救國

在羅馬擴張過程中，北非的迦太基（前650－前146年）絕對是恐怖對手！迦太基曾是地中海實力最強的海上霸權，當羅馬還是小城邦時，迦太基已在地中海內遍佈殖民地，壟斷海上貿易。

羅馬的崛起難免與海上霸主的迦太基發生衝突，一百一十八年內，羅馬與迦太基發生三次「布匿戰爭」，其中第二次，迦太基的天才將領漢尼拔（前247－前183年），率領六萬大軍，從西班牙出發征討羅馬，越過阿爾卑斯山奇襲意大利，在坎尼戰役中，全殲羅馬七萬大軍，是羅馬建城以來最慘敗的戰役，漢尼拔被史學家形容是「羅馬的恐懼」。

迦太基壟斷海上貿易，曾是地中海實力最強的海上霸權（來源：古羅馬馬賽克，突尼斯）

迦太基的天才將領漢尼拔
是羅馬建城以來最恐怖對
手（來源：維基百科）

漢尼拔轉戰六年，羅馬盡量避其鋒芒，不敢迎戰，企圖以消耗戰拖垮漢尼拔，但漢尼拔長期逗留意大利，始終令羅馬寢食不安，羅馬遂想出「圍魏救趙」策略，派兵北非登陸，直插迦太基心臟。

迦太基政府面對羅馬大軍來勢洶洶，危在旦夕，急召漢尼拔班師回朝，漢尼拔大軍千里兼程疲於奔命，最後於扎馬戰役被羅馬大將西庇阿（前 235 － 前 183 年）擊敗。迦太基被迫簽署喪權辱國的條約，喪失大批殖民地及解散海軍，再也難對羅馬構成威脅。

漢尼拔率領六萬大軍，越過阿爾卑斯山奇襲羅馬

迦太基必須滅亡

然而，迦太基憑著出色的貿易生意，快速復元，經濟又見繁榮，羅馬如坐針氈，當年漢尼拔蹂躪意大利的噩夢揮之不去，朝野上下要求滅亡迦太基聲音日隆，大加圖每次在元老院演講結尾例必加上一句：「迦太基必須滅亡！」

公元前 149 年，羅馬人決定先發制人，圍攻迦太基，迦太基民眾面對羅馬瘋狂進攻，避免戰敗淪為亡國奴，個個奮不顧身，婦女把頭髮剪下作為弓弦抵禦羅馬大軍，可惜苦戰三年，迦太基最終被攻滅，羅馬更在廢墟上撒滿粗鹽，寓意詛咒之地永不超生。

捐髮救國如此悲壯行為，不單發生在迦太基滅亡前夕，公元 194 年，塞維魯（146 － 211 年）在內戰中脫穎而出，成為羅馬皇帝，但帝國東方城市拜占庭拒絕投降，塞維魯派大軍圍城，拜占庭百姓拼死抵抗，婦女剃光頭髮編織繩索作為軍用物資，但經過兩年半圍城終被攻陷，降兵被殺，百姓失去財產，大部分人被賣為奴隸。

頭髮作為軍用物資至近代也曾出現，根據《唐人街奇趣錄》記載，二戰時期，美國政府規定唐人街所有理髮店，把剪下的客人頭髮儲起，每週派軍人到來收集，如果沒有好好儲藏，就會受到處罰。

當局雖然沒有說明原因，但筆者相信由軍方收集的頭髮，應該用作軍用物資機會最大，因為頭髮可以製作軍用毯子和士兵襪子，當年美國參戰人數高達一千二百五十萬，對軍需品需求甚大，相信為節省開支，收集頭髮改作軍用物資，至於是否

只收集唐人街理髮店的頭髮則不得而知。

那麼頭髮真是有如此強的韌性，可以作為弓弦及繩索嗎？專家發現一根健康頭髮可以承受的重量範圍為四十至八十公克，約可吊起一部手機，一個人平約有十萬根頭髮，倘以五十公克計算，一個人整體頭髮的載重力大約近五千公斤，相當於一頭成年亞洲象及四部汽車的重量。

2007年，台灣高雄市國立科學工藝博物館曾做過測試，嘗試頭髮吊大象，礙於環保人士抗議，臨時改以大約等重的原木、巨石、平台和六位見證人代替大象。三十二萬根頭髮成功吊起平台，並距離地面四十公分達一分鐘，順利成功挑戰《健力士世界紀錄大全》紀錄。

2007年，台灣高雄市國立科學工藝博物館曾嘗試頭髮吊大象，因環保人士抗議而改用其他方法（來源：台灣《蘋果日報》）

戰爭　捐髮救國　第十一章

當今社會，雖然再沒捐髮救國的壯舉，卻有捐髮助人的善舉，一些慈善機構收集頭髮，協助癌症、突然病變、斑禿、長期病患等等十八歲以下病童，用真髮製造假髮贈送病童，讓他們重拾自信。用完歸還的假髮還會回收、消毒、復修、添髮再用，非常環保。

披頭散髮長毛賊

歷史上很多內戰，敵我雙方都各自以獨特髮式作為標記，辨識立場。1625 年，英王詹姆士一世駕崩，其子查理一世繼位，他堅持君權神授，對清教徒色彩濃厚的國會無法忍受，導致與國會關係水火不容。

1642 年，查理親率士兵赴國會準備逮捕議員領袖時，造成全面衝突，英國內戰爆發，支持英王稱為騎士黨，支持國會稱為圓顱黨，圓顱黨的最大特

圓顱黨的議員大都清教徒出身，剪短頭髮（來源：維基百科）

色是身為清教徒的議員將頭髮剪短，外貌與當時喜歡戴假髮和長捲髮的權貴極為不同，頭顱相對之下顯得很圓，因而得名。

太平軍披頭散髮，被清廷蔑稱「長毛賊」

　　在中國清朝，太平天國戰爭，同樣敵我雙方髮式各異，清軍剃髮留辮，太平軍則不剃髮、不結辮，披頭散髮，清廷蔑稱「長毛賊」、「毛賊」、「髮賊」，太平軍攻擊拖辮子的滿清：「拖一長尾於後，是使中國之人，變為禽獸也。」在英國圓顱黨戰勝了騎士黨，但太平軍雖然初時氣勢如虹，佔據大半中國，卻因殘酷的內鬥最終走向滅亡，長毛賊的故事也走入歷史。

戰爭　捐髮救國　第十一章

說到戰爭，士兵無異是最重要元素之一，許多人想到士兵髮型，第一時間會想起平頭裝（又稱陸軍裝），這款髮型歷史悠久，可追溯到馬其頓亞歷山大大帝時代（前356-前323年），天才將領的亞歷山大對戰爭每個細節均很留意，發現長頭髮及大鬍子，埋身肉搏時極不利，被敵人抓住隨時性命不保，於是下令所有士兵剪平頭裝及刮去鬍鬚，須知古希臘只有服喪期間才會剃髮刮鬚，這個命令何等反傳統，但軍令如山，士兵也接受這款清爽髮型，亞歷山大亦靠這支平頭裝大軍橫掃歐亞非，建立不朽功業。

亞歷山大大帝下令士兵剪平頭裝及刮去鬍鬚（來源：維基百科）

平頭裝幾乎成為士兵經典髮型（來源：Junial Enterprises）

第十三章

毛恥　懲罰羞辱

古代西方以「陰陽鬍」來羞辱男子（來源：Gansstock）

毛髮輕如鴻毛，在人類文化中卻重於泰山，古代中國為使罪犯改過自新，激起羞愧之心，創設剃光犯人頭髮和鬍鬚的「髡刑」。在一些民族，毛髮遭人蓄意破壞是奇恥大辱，甚至不惜發動戰爭。

斯巴達人尚武，寧死不屈，對逃兵施以剃陰陽鬚懲罰，圖為溫泉關戰役油畫（來源：雅克・路易・大衛作，1814年）

古代西方有一種「陰陽鬍」的刑罰，羞辱地剃掉男子一邊的鬍鬚。聖經舊約《列王記》記載，阿莫尼特人仇視猶太人，他們知道猶太人視鬍鬚神聖不可侵犯，是上帝賦予男性氣概的象徵，不可隨便損壞，阿莫尼特人把以色列使節羞辱一番，鬍鬚剃了一半，又割斷他們下半截衣服露出下體。大衛王聞訊後心痛不已，派人去迎接受盡屈辱的使節，告訴他們說：「可以住在耶利哥，等到鬍鬚長起再回來。」

斯巴達是古希臘最崇尚武力的城邦，戰士奮不顧身，視死如歸，公元前 480 年溫泉關大戰，國王列奧尼達一世率領三百名斯巴達精銳，與其他希臘聯軍抵抗波斯大軍，三百名斯巴達戰士壯烈犧牲，沒有一人投降或被俘，在斯巴達人眼中臨陣畏敵最是可恥，對逃兵亦施以「陰陽鬍」的懲罰，讓他們受盡世人恥笑。

在日本鎌倉幕府時代，是第一個武家政權，武士地位提高，有辱武士名譽的行為均有所約束，嚴禁姦淫擄掠傷風敗德之事，律令規定：「若路上強搶或強姦民女，御家人（直屬將軍的武士）禁閉百日，下級武士剃去半邊髮鬚」。

成吉思汗為鬚西征

十三世紀，中亞花剌子模王國勢力強盛，剛統一蒙古的成吉思汗對花剌子模也忌憚三分，只想締結通商貿易，和平共存，但花剌子模自恃實力強大，視蒙古人為未開化的野蠻人，不放在眼內。

成吉思汗派出使臣與商隊五百人，五百頭駱駝攜帶大批金銀珠寶與商品前往通商。至訛答剌，總督見財起心，誣諉蒙古商人是間諜，侵吞財寶貨物。成吉思汗派出使臣營救，爭取和平解決，同時致書蘇丹摩訶末要求交出兇手。摩訶末拒絕並殺害正使，剃光兩位副使鬍鬚，押解出境。

成吉思汗一生愛鬚如命，那會容忍兩位副使受辱，1220 年，親率二十萬大軍，御駕親征討伐花剌子模，開展蒙古第一次西征，其間所向披靡，一路燒殺屠城，屍積如山，摩訶末亡命裡海一個島上，最終在驚惶中病逝，花剌子模滅亡。

花剌子模曾經盛極一時，領土包括現今烏茲別克、哈薩克和土庫曼的一部分（來源：維基百科）

二十萬蒙古大軍如猛虎般撲向花剌子模，一路屠城燒殺（來源：維基百科）

納粹德軍佔領巴黎，
穿過凱旋門一刻

二戰期間，納粹德軍佔領法國，德國對法國等同是日耳曼人的國家相對尊重和溫和，任由德軍與法國女子談情說愛，部分法國女子為求溫飽，願意成為德國軍官的情人，在這時期，法國出生率不減反增，根據當時統計，二十多萬名嬰兒是德法混血兒。德軍戰敗後，這些女子被視為「法蘭西之恥」遭到清算和迫害，五萬名女性受到剃光頭、脫光衣服、身上畫上納粹標誌遊街示眾，甚至遭到殘暴地處決。

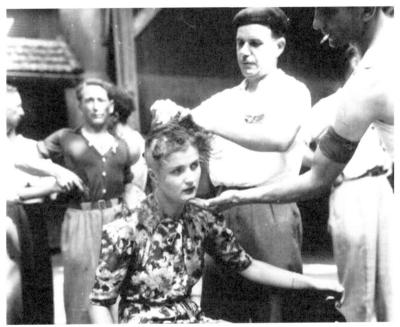

法國光復後，德軍情人被殘酷清算，包括剃光頭及脫光衣服示眾

　　　　　　　　　　　　　　　毛恥　懲罰羞辱　第十二章

楊絳被剃陰陽頭

中國人重視孝道，身體髮膚不可輕棄，由於鬚髮關乎到一個人的榮辱廉恥，中國人獨創羞辱犯人的「髡刑」，剃光犯人的頭髮和鬍鬚，以精神鞭打代替血淋淋的肉刑，受刑者無鬚無髮等於無父無母，如像額頭刻上恥辱兩個字，會被鄉里及家人看不起，產生羞愧之心，反而容易改過自新。

中國文革時代，部分捱批鬥者被剃陰陽頭羞辱

「陰陽頭」最初出現於南北朝，有傳源於波斯，可能與「陰陽鬚」有關，是一種侮辱性髮型，頭髮被剃一半、留一半。文革瘋狂歲月，「黑五類」、「牛鬼蛇神」被剃陰陽頭捱批鬥者不少，其中就有粵劇名人紅線女（原名鄺健廉）及錢鍾書妻子楊絳。

楊絳及丈夫錢鍾書在文革時分別被剃怪頭及陰陽頭

據《楊絳傳》記載，1966 年 8 月 27 日，她被打成「資產階級學術權威」被剃陰陽頭，為了掩蓋這個怪頭，楊絳靈機一觸，想起女兒錢瑗幾年前剪下兩條大辮子，她用手帕包著藏在櫃裡，楊絳用它做一頂假髮，找來一隻掉了耳朵的小鍋做楦子，用丈夫的壓髮帽做底，解開辮子把頭髮一小股一小股縫上去，一夜工夫才做成了一頂假髮。

現今社會再沒有「髮刑」，或者被迫剃陰陽頭的政治運動，但為何囚犯還是剃光頭髮？是要他們背負恥辱感，還是另有其他原因？原來囚犯光頭主要是基於衛生及紀律考慮，並非刻意踐踏人權。

監獄是接受懲罰改造的地方，犯人被剝奪自由的目的就是要學懂珍惜自由的可貴，重返社會後潔身自愛，服刑期間自然不可能享有普通市民的蓄髮自由，而光頭方便打理，簡單清爽，有利衛生。再者，統一的短髮也能體現監獄管理的標準化和嚴格化，彰顯法律對於犯人的震懾作用。

人稱「長毛」的香港前立法會議員梁國雄，2011 年的立會遞補機制論壇衝突事件中，被裁定刑事毀壞和擾亂秩序罪成，2014 年 6 月上訴失敗後，被判監四星期，長髮被迫剪掉，長毛變短毛，梁國雄質疑懲教署准女犯人留長髮，重女輕男不公平，提出司法覆核捍衛髮權，高等法院裁定長毛勝訴，男囚犯得以保留長髮。

但署方不服裁決上訊，上訊庭判懲教署上訴得值，解釋署方就男女囚犯剪髮訂立不同規定，不等於令男囚犯受到「較差待遇」。梁國雄不服上訴至終審法院，2020 年 11 月 27 日，

終審法院五名法官一致裁定梁國雄勝訴，指懲教署違反《性別
歧視條例》，理由是懲教署長無法解釋男女囚犯之間為何有如
此不同的待遇，亦無法解釋為何那種差別不構成較差的待遇。

香港立法會前議員梁國雄曾就男囚犯「髮權」與懲教署對簿公堂（來源：
《星島日報》）

理髮　放血排膿

　　筆者小時候經過理髮店，總被紅藍白相間的旋轉柱吸引，但沒有深究，後來研究毛髮知識，方知這個旋轉柱背後大有學問。

旋轉柱成為全球理髮店的象徵（來源：曾海帆）

旋轉柱是西方歷史產物，殘留理髮師兼外科醫生的古老痕跡。話說，加洛林王朝查理曼大帝（742－814年）曾頒布敕令，規定所有修道院和教會醫療機構只能聘用牧師。

四百年以來，僧侶從事放血、放膿、灌腸及拔牙，甚至剪髮刮鬚等工作，但有關工作始終有違於傳播福音的原意，有損僧侶神聖形象，要求改革聲音不絕。1215年第十屆拉特蘭會議上，羅馬天主教的領袖們終於達成共識，規定僧侶和任何神職人員不應從事外科手術，否則不得擔任教會高職。自此，僧侶的工作更加專精，集中在侍奉神及傳福音方面，理髮師代替僧侶從事外科手術及修剪鬚髮。

理髮師兼外科醫生

在拉特蘭會議做出裁決後，形成一個新的職業「理髮師兼外科醫生」，為了表彰他們對社會的貢獻，英國國王愛德華四世於1462年成立了第一個理髮師公會，授予公會成員在倫敦擁有理髮和外科手術的壟斷權。

過去僧侶曾從事放血、放膿、灌腸及拔牙等服務

畢竟外科手術需要更多專業醫學知識，1745 年，正式與理髮師分家，外科醫生創辦了外科聯合會，理髮師成立了理髮師聯合會，兩個專業各司其職。如今理髮師兼外科醫生唯一殘留的痕跡是理髮店外的旋轉柱，它代表曾經很常見的放血術。

古希臘著名醫師希波克拉底創立放血治療法（來源：美國國立醫學圖書館）

為何西方有放血治療？古希臘著名醫師希波克拉底相信月經是大自然為女性除去不良體液的方式。古羅馬醫師蓋倫進一步發展這個理論，宣稱流到身體末梢的血液通常已耗盡，可能在不正常環境下積聚及腐敗，因而得病，治療方法就是放血，以除去腐敗的血液。

醫生會切開病人手臂上的血管，把血液收集在盆子裡，然後用白色繃帶包紮病人的手臂。過往，理髮師兼外科醫生會把乾淨的白色繃帶纏在杆子上，放在店前作為提供服務的廣告。

後來，他們不再擺放真的杆子和繃帶，而是仿照實物造型噴上油漆的柱子來代替，柱子上有時會塗成紅色和白色（代表動脈和繃帶），有時在紅白相間之餘加上藍色（象徵靜脈）。

在最初，門口擺放這種柱子代表得到政府的認證，直至今天，旋轉柱在世界各地都被當作理髮店的象徵，甚至還出現某地方的法律中，例如，2011 年美國賓夕法尼亞州的理髮師執照就要求「每個理髮店應提供一根旋轉柱，或一個表明能提供理髮服務的標誌」。

第一個髮型師尚帕涅

在人類的毛髮當中，頭髮和鬍鬚是不停生長的，這在靈長類動物中獨有，故此剪髮刮鬍形成需求，早於西元前三千年的古埃及，法老宮廷裡的男男女女就用銅或青銅製造的折疊式金屬剃刀修剪頭髮、鬍子和體毛。

羅馬上流人士的頭髮都由奴隸護理，中產階級會幫襯理髮店。羅馬人喜愛沐浴，浴室場數量之多之豪華世所罕見，著名

的戴克里先浴室，十五萬平方米面積，可容納三千多人。

　　大浴場龍蛇混集，充滿商機，除有按摩師、流動小販、演員、說書人及算命外，還有理髮師和脫毛師。理髮師除了剪頭髮之外，還提供頭髮按摩、修指甲和腳甲服務，並用香料混合油來保護頭髮。

羅馬上流人士的頭髮由奴隸護理（來源：萊茵地區博物館）

　　　　　　　　　　　　　　理髮　放血排膿　第十三章

從古羅馬至文藝復興，歐洲婦女的頭髮均由女僕打理，男性理髮師只能替男士修剪頭髮和鬍鬚，當時男人是不允許做出撫摸婦女頭髮這種親密動作的，直至 1663 年，真正的髮型師誕生，他是法國的尚帕涅，掀起婦女理髮的革命性改變，女性只要有錢的話，可以請專人上門梳理頭髮，設計豔壓群芳的髮型。

　　史書對尚帕涅的記載不詳，甚至真名也毫無所知，他如謎一樣的人物，只靠當時第三者的傳聞略知一二，據說瑪麗‧德‧貢薩格公主嫁往波蘭，公主懇請尚帕涅同行，以方便其髮型隨時保持完美。

　　當時著名的髮型師如明星般被瘋狂追逐，女性愛在他們身上打聽最新髮型潮流，這些情報對愛美女子來說非常重要。

　　人紅氣傲，尚帕涅有時盡顯大牌脾氣，如果客人令他不滿意，主要是酬金方面，他會做了一半拂袖而去，令客人尷尬難堪。客人未必害怕尚帕涅反覆無常的脾氣，但害怕被他剔除客人名單，因為最害怕頂著過時的髮型，被追上潮流的朋友恥笑。

維達‧沙宣的簡約風格

　　歷任髮型師當中，維達‧沙宣（Vidal Sassoon，1928－2012年）絕對是成就卓越的巨匠，簡潔髮型的革命家，一生擁有不少殊榮，他創造了鮑伯頭等諸多經典、替無數政要名流剪頭髮、設立第一個全球連鎖髮廊、推出一系列暢銷護髮品，2009年更獲頒大英帝國司令勳章（CBE）勳銜。

1928年出生於倫敦的沙宣，為西班牙的猶太人後裔，自幼在貧窮區長大，在懵懵懂懂的青澀歲月，沙宣並沒人生大志，但母親一次發夢改寫了他的一生。有一天，母親夢到沙宣將會成為一名髮型師，認為是上帝的意思，十四歲那年，母親將沙宣送往倫敦著名的髮型師門下，學習髮型設計技術，一代美髮大師的故事悄然拉開序幕。

　　沙宣天賦極高，很快掌握美髮技巧，又勇於嘗試，根據幾何學、建築外型和骨頭結構剪髮，讓頭髮更有層次，更加服貼。沙宣提倡純以剪刀與梳子創造髮型，踢走繁瑣的髮膠及梳理，追求利落線條的現代主義風格。

　　其中鮑伯頭（Bob）堪稱沙宣主義的經典，根據顧客輪廓，設計出別致簡單的短髮，洗完頭吹乾即恢復原來樣子，輕鬆易打理，不用花太多時間和心思，迎合現代人快速的步伐。

沙宣創造了鮑伯頭等諸多經典
（來源：維基百科）

頭髮能有效吸收油污

　　理髮師除了替客人修剪頭髮外，有些更甚具科學頭腦，在其他領域作出非凡貢獻，美國阿拉巴馬州理髮師菲爾・麥柯里（Phil Mc-Crury）就發現頭髮有吸油特性，反覆測試，把塞滿

頭髮的套子放進機油和水的混合物內，數分鐘後，頭髮吸收了機油，水得以淨化。

1989 年 3 月，阿拉斯加州的威廉王子灣油輪觸礁事件，洩漏一千一百萬加侖的石油，大量海洋生物死亡，麥柯里的發明正好拯救了這場嚴重的生態災難。

2006 年 8 月 11 日，菲律賓中部馬拉斯島附近的海域，一艘油輪遭風浪擊沉，船上五十萬加侖原油外洩，污染兩百多公里的海岸線，政府號召民眾收集頭髮清除油污，連馬尼拉兩座監獄的囚犯亦響應號召，剃髮送往污染區。

理髮師麥柯里發明頭髮吸收油污的功能，圖為塞滿頭髮的套子（來源：Andy Mok）

日本理髮店因祖師爺藤原采女亮政之的原因而稱為床屋（來源：Franco Wong）

日本理髮業之神

　　「床屋」兩個字，你會想到甚麼？會否以為是出租床位的房子？其實它是日本理髮店的統稱，紀念日本理髮業的祖師爺藤原采女亮政之（男性），其父晴基因丟失九王丸寶刀，引咎辭去皇居警衛職位，孝順的采女亮陪伴父親浪跡天涯尋找遺失的寶刀，輾轉來到下關港。

　　當時正值鎌倉時代，中日關係緊張，元世祖忽必烈（1215 − 1294 年）發兵征討日本，許多武士聚集下關港禦敵衛國，有人的地方自然有理髮需要，采亮女學了理髮，在下關港開店做生意，結果生意火紅。

由於他的店在床之間（壁龕）掛有藤原家的掛軸，客人稱他的店舖為床屋，遂成為理髮店的代名詞，采女亮政之的生日和忌日均是十七日，從昭和時期開始，每個月的十七日變成美容理髮業的休業日。在京都更有一座御髮神社祭祀這位理髮業的祖師爺，理髮理到位列仙班，絕對是全球第一人。

藤原采女亮政之被日本
理髮師奉為行業祖師爺

日本江戶時代，理髮師
在簡陋環境下提供服務

A TRAVELLING BARBER.

清朝中國理髮工沿街叫賣，給人理髮

在中國，理髮師古時候稱作「待詔」，到了漢代，就有以理髮為職業的工匠。南北朝時代，南梁的貴族子弟都削髮剃面，那時的理髮業已很發達，出現了專職的理髮師。「理髮」一詞，最早出現在宋代文獻中，朱熹在註疏《詩·周頌·良耜》中「其比為櫛」，「櫛，理髮器也。」

上海理髮店非源於上海

到了清朝，男子一律剃頭梳辮，理髮業空前發展，進入黃金時代。當時，到處都有理髮挑子，理髮工手執鐵夾（音乂）沿街叫賣，招攬客人。辛亥革命以後，現代理髮店如雨後春筍開辦，大部分理髮師均從日本學藝回來，新時代新作風，當時理髮師的叫法有別於清代稱「剃頭」或「推頭」等，男理髮師叫「飛髮佬」，女的稱「髮花」，沿用至今。

筆者到青島旅行，總愛飲杯青島啤酒；到北京旅行，也愛嚐北京填鴨，但到上海，卻找不到典型的上海理髮店，只有新式髮廊，反觀香港上海理髮店曾經盛極一時，提供剪髮、電髮、剃鬚、修甲、擦鞋一站式服務。

在五十、六十年代，上海理髮店是新潮事物，皮座椅可以三百六十度旋轉及調校高低，師傅穿著白色制服，在座椅旁的皮帶上磨利剃刀，顧客剃鬚時用熱毛巾敷面等，都成為上海理髮店的獨特風景線。可是隨著時代進步，這些老式理髮店走向終章，難敵客源減少及租金昂貴問題，預計未來十年將在香港消失。

翻查資料，上海理髮店並非上海產物，解放前，上海被譽

為東方巴黎，中國時尚之都，打著「上海」旗號的理髮店，代表時髦摩登，以前上海理髮店的師傅大多來自揚州，並不一定來自上海，由於四十年代，眾多上海人南下經商，廣東人習慣把廣東以北的人統稱為「上海人」，就像今天廣州人愛把廣東以北的人統稱為「北佬」一樣，令人誤會上海理髮店就一定源於上海。

第十四章

髮賊　目無王法

　　2016 年 7 月，印度北部一個偏僻村落，夜深人靜，偶爾傳來幾聲狗吠。

　　一抹黑影忽然掠過，迅即消失於漆黑之中。

　　翌日清晨，全村一下子沸騰起來，一名婦女哭訴留了多年的長辮子，在睡夢中被人剪去。

　　這宗盜辮案並非單一事件，在印度北部已接連發生多宗，手法如出一轍，婦女不是睡夢中被人剪去長辮，就是行經僻靜地方突然失去知覺，醒來時頭髮已不翼而飛，除此之外，身上財物絲毫無損。

　　印度盜髮案猖獗，與近年假髮需求增加有關，二十多年來，印度、中國及俄羅斯是假髮出口大國，印度每年出口的假髮價值超過數億美元。

　　假髮製造一般需要頭髮纖維，雖然動物、植物及合成纖維均可作為假髮材料，但最好的還是人類頭髮，非洲人頭髮易折斷難留長，不適宜製造假髮；歐洲人的金髮原本是最適合製造假髮，燙捲、拉直、染色皆宜，可惜歐洲人相對富裕，金髮供應有限，加上價錢昂貴，假髮商為節省成本，轉用亞洲人頭髮。

　　印度人的頭髮柔韌光澤，製造假髮過程中不易扯斷，髮質接近白人的頭髮，唯一缺點是髮色太深，需要漂白後才能上色，多了一重工序。

全球每年假髮銷售額約五十億美元，需求持續上升（來源：sbuyjaidee）

印度頭髮聞名國際，價格不斷上揚，十多年前，批發價格僅十五到二十美元一公斤，現在已經漲至四百二十美元一公斤，增幅二十倍以上，若果是「處女髮」，即從未染燙過，髮幹及角質層完好無損，屬於上乘的假髮原料，每公斤要八百美元以上，難怪這些烏黑頭髮被稱為「黑黃金」。

印度民間收集頭髮困難

在印度，頭髮供應相對特別，不像中國及俄羅斯從民間收集回來，大部分頭髮來自神廟，印度八成人口信奉印度教，為祈求神靈庇佑，信徒會進行剃度，把自己頭髮捐獻給寺廟，

女性會把頭髮束成多條馬尾辮，每條馬尾辮再用幾個橡皮筋捆住，剃髮後在頭皮抹上一層薑黃醬，默默向神明禱告。單是印度南部安德拉邦提魯馬拉寺廟，每天收集到的善信頭髮超過一噸，整理後透過網上拍賣，拍賣所得用於慈善事業，包括開辦學校和醫院等。

印度女性為祈求神靈庇佑，會把自己頭髮捐給寺廟（來源：Willy Sebastian）

安德拉邦地區的寺廟，每天收集信徒超過一噸頭髮，圖為印度假髮廠曬頭髮情況（來源：Arun Sankar）

　　除了神廟的供應，收集頭髮的渠道少之又少，因為印度女性有留長頭髮的傳統，街上甚少短髮女子，女為悅己者容，她們認為長長頭髮是為未來丈夫所留的，把最美的留給他欣賞，如果丈夫逝世，寡婦就會剃光頭以示哀悼，代表這頭美麗的長髮已再沒意義。

印度女性自幼喜歡留長頭髮，認為長長頭髮是留給未來丈夫欣賞（來源：Don Mammoser）

頭髮關係到婚姻幸福，印度女性視如命根兒，若非迫不得已，絕不輕易出售頭髮。假髮商為了得到這些「黑黃金」可謂無所不用其極，利誘丈夫出賣妻子頭髮，或者串謀賊匪劫髮偷辮。

這股盜髮熱潮更由印度蔓延至鄰國緬甸及孟加拉，甚至美國，2011年3月，劫匪闖入一間美髮店打劫，店主反抗被開槍射殺身亡，劫匪搶走八十包、價值一萬美元的印度頭髮；一個月後，加州被盜去價值五萬多美元的頭髮；到了6月，休斯頓失守，偷走價值十五萬美元的頭髮，由於髮賊連環犯案，甚至殺人越貨，當局罕有地命令聯邦調查局（FBI）介入偵查，追緝髮賊下落。

十七世紀歐洲髮賊橫行

總的來說，髮賊猖獗是特殊環境及時空下的產物，對上一次是十七、十八世紀，歐洲假髮大時代。當時最大的假髮商是法國的賓內特，他是路易十四的假髮師，曾拍國王馬屁：「我願意拔光全法國的頭髮來效忠國王。」

賓內特在巴黎佩蒂香街開設一間假髮店，出售高檔假髮，全歐洲都向他訂貨，當時的法國是假髮業的龍頭，1665年，成立第一個假髮匠工會，之後歐洲其他國家也紛紛成立類似工會。

今天製造一頂假髮，需要兩個人以上的頭髮分量，但當時流行的又高又大假髮，單是路易十四，喜歡的碩大無比假髮，則需要十多人的頭髮製作，對真髮需求之大可想而知。

路易十四喜歡碩
大無比的假髮

十七、十八世紀歐洲流行
戴假髮，對真髮需求甚殷

十七世紀，歐洲髮賊猖獗，剪去途人頭髮轉售給假髮商

假髮商為確保頭髮供應源源不絕，派出「剪髮隊」深入歐洲各地，手法離不開偷呃拐騙，引致盜髮事件頻生。1665年至1666年，倫敦發生黑死病大瘟疫，超過十萬人死亡，假髮商為了賺錢，收集死人頭髮，但死髮色澤較枯乾，髮質易脆斷，沒有生髮那種光澤和韌性，加上衛生存疑，可能傳播瘟疫，均令顧客卻步。

賊人於是轉向毫無反抗能力的小孩下手，因為當時小孩無論男女均習慣留長頭髮，受父母疼愛，吃得好髮質自然美麗，賊人一般攔途截劫，剪掉小孩頭髮，拿去轉賣給假髮商，至1795年，英國政府對假髮徵收重稅，假髮熱潮才隨之降溫，有美麗頭髮的小孩得以安心外出。

在歐洲各地的頭髮中，注重清潔的荷蘭人的頭髮公認最好，其次是日耳曼人，灰金髮色是十七世紀法國美女的標誌，法國罕見天生灰金色頭髮，非常昂貴，較一般棕色頭髮貴上三十六倍，當時擁有灰金髮色的女性成高危一族，隨時成為髮賊目標，慶幸當時婦女習慣戴頭巾遮蓋頭髮，不致太露眼。

美國為假髮消費最大國

今天，全球每年假髮銷售額約五十億美元，美國是最大消費國，其中兩大族群對假髮需求最大，一是猶太人，五百三十萬猶太人在美國居住，按照傳統，猶太婦女婚後要將頭髮蓋起，有人選擇戴帽子或頭巾，但大部分喜歡戴假髮遮住頭部，因為相對自然和有美感。

另一族群是非裔人口，非洲陽光普照，氣候炎熱，進化出

螺旋形狀的捲曲頭髮,頭髮之間留有空間有利通風隔熱,但黑人捲曲的頭髮生長速度緩慢,生長週期短,容易脫落和折斷,很難留長頭髮。

天生髮質難自棄,唯有採取補救措施,黑人女性非常流行戴假髮及駁髮辮,正如她們所說:「假髮對歐洲女性是裝飾品,對非洲女性是必需品」,每個黑人女性至少有五、六頂假髮,戴假髮就如日本女性化妝一樣普遍,美國前總統奧巴馬夫人米歇爾及前國務卿賴斯,頭上烏黑頭髮均是假髮。

非洲人因頭髮難留長,普遍戴假髮(來源:Prostock-studio)

非洲女性喜歡駁髮辮（來源：Yaw Niel）

　　在撒哈拉沙漠以南的黑非洲，假髮市場異常蓬勃，銷售額高達二十億美元，而且年增長以倍計飆升，遠遠拋離歐美市場。鑑於炎熱天氣，非洲女性特別鍾情款式多變的辮髮，這個傳統可追溯到古埃及，一縷縷頭髮紮成辮子，不給頭蝨寄居，清爽又美觀。

　　礙於非洲人的特殊頭髮，當地理髮師幾乎要改稱駁髮師，使用針線多於剪刀和梳子，他們把假髮拆成一縷一縷，然後用針線一圈一圈地縫在顧客的真頭髮上，等到麻花辮編好後，還要在頭上盤出各種造型，整個過程約需三至四小時，辮髮可維持兩、三星期，之後拆除更換另一種款式。

非洲的辮髮文化豐富多彩，構成獨特的文化符號，最著名是髒辮，髒辮是將頭髮纏在一起，編結成繩子一般的形狀，歷史上最早出現的髒辮，可追溯到三千六百年前的古希臘米諾斯文明時期，但在非洲這款辮子非常普遍，幾乎成為非洲髮型的代表，近年更風靡歐美。根據資料，髒辮最初出現非洲的原因，是為了防蟲及清爽，把頭髮緊緊纏在一起省時省力，但清洗極不方便，容易藏污納垢，所以叫「髒辮」。

髒辮是非洲辮髮文化的代表（來源：Daniel M Ernst）

非洲達公族女子愛蓄八十根辮子，代表族人來自八個神聖家族，在街上相遇明白彼此是同源同宗，更感親切感，這種辮髮名叫「庫塔里」，意為民族統一，追念遠祖。

　　尼日爾小孩以辮子訴說家庭不幸，失去了父親，會紮一條小辮，失去了母親，則紮兩條小辮，如果不幸雙親皆亡，會紮三條小辮，左鄰右里會更加關愛這些辮子小孩，給予溫暖及照顧。

第十五章

基因　髮網難逃

「上帝啊，請您再次青睞我吧！我感到生命正在悄悄流逝，而我卻無能為力……。」1821 年 3 月 21 日，軟禁在大西洋的聖赫勒拿島的法國拿破崙（1769 － 1821 年）在日記上寫下這段傷感的說話，不足兩個月時間（5 月 5 日），他就與世長辭，結束傳奇一生。

拿破崙年僅五十二歲便離世，死因一直惹揣測（來源：Horace Vernet，1826 年）

拿破崙的毛髮被化驗含有高濃度砒霜（來源：雅克 · 路易 · 大衛作品，1812年）

　　拿破崙享年五十二歲，以現代標準不算長命，過去關於他的死因眾說紛紜，有人說死於胃癌，因他去世前有胃癌的徵兆和反應；也有人說他死於心肌梗塞，但拿破崙致死的祕密就藏在頭髮內。

　　1961年，瑞典的醫生兼業餘歷史學者斯史丹‧傅孝武（Sten Forshufvud）報告稱，從拿破崙身上提取的多處毛髮裡含有高濃度的砒霜，這種說法震驚整個史學界，拿破崙被毒殺的說法甚囂塵上。

誰是兇手？是英國政府所為、還是法國保皇派，抑或是心懷叵測的隨從？不過，最近的分析結果顯示，拿破崙的毛髮裡除了砷還含有大量的溴、鐵、汞、鉀和銻，得出結論是拿破崙毛髮裡的砒霜是因為受到環境污染的可能性最大，並非死於暗殺。

貝多芬死於醫師之手

德國著名音樂家貝多芬（1770－1827年），在奧地利維也納逝世，遺下一綹頭髮，科學家為解開貝多芬死亡之謎進行分析，結果發現裡面的含鉛量是正常人的一百倍，因此推斷貝多芬很可能是中鉛毒身亡。

貝多芬何解會中鉛毒？原來罪魁禍首是他最信任的醫師瓦魯奇，維也納醫學大學法醫學系系主任萊特分析過貝多芬的毛髮，發現在他離世前幾個月，每當找瓦魯奇治療腹部積水時，其體內的鉛濃度會飆升，萊特得出的結論是這些藥膏含有鉛毒，滲透到貝多芬的肝內致死。

貝多芬遺下的毛髮最終揭開他死亡之謎（來源：約瑟夫・卡爾・施蒂勒作品，1820 年）

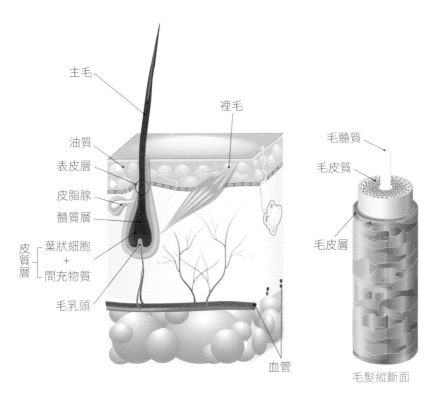

主毛

裡毛

油質

表皮層

皮脂腺

髓質層

葉狀細胞
＋
間充物質

皮質層

毛乳頭

毛髓質

毛皮質

毛皮層

血管

毛髮縱斷面

髮幹由底部的細小血管提供營養，記錄了血液中化學物質變化

　　為何毛髮能夠將砒霜、鉛等物質記錄下來？原來，髮幹底部每天都會有細胞增生，然後髮幹會向上移動一點，這些細胞會記錄著主人的健康狀況，因為髮幹由底部的細小血管提供營養，所以髮幹細胞裡攜帶著來自血液的化學物質。

譬如，一個人吃了受到汞污染的海鮮，那麼他血液中的汞含量就會上升，一部分汞會進入細胞，繼而被吸引進髮幹的底部，頭髮就記錄了汞含量，毛髮這種能夠長期記錄化學物質的特點，為鑑證學家提供了一種強而有力的工具。

路易十七命運坎坷，死於法國大革命期間（來源：亞歷山大・庫哈斯基作品，1792 年）

毛髮保留基因資訊

毛髮還能驗證血緣關係，最典型例子是追尋路易十七下落，法國國王路易十六（1754 － 1793 年）和瑪麗王后（1755 － 1793 年）死於斷頭台上，十歲兒子（路易十七）下落不明，盛傳這位小國王被囚禁在丹普爾監獄的地牢內，兩年後死於肺結核。

有傳驗屍的時候，小國王的心臟被醫生偷走了，幾經轉手最終成為聖丹尼大教堂的一件文物。為了驗證文物主人身分，歷史學家比對了那顆心臟和從瑪麗王后及其兩個姊妹的首飾盒提取的頭髮 DNA 序列，結果證實這顆心臟主人與王后存在血緣關係，那個人確是路易十七。

毛髮能夠破解血緣關係，主要是毛髮提供基因資訊，毛幹由角化的細胞構成，它們含有生命所需的所有重

要分子，包括 DNA，所以可以通過從每個人毛幹上提取 DNA
來區分和鑑定個人身分資訊，就像指紋一樣，而且頭髮長年不
腐化，容易保存，成為天然的基因資料庫。

路易十七的心臟被聖丹尼大教堂收藏（來源：維基百科）

2003 年 12 月 13 日，伊拉克獨裁者薩達姆‧海珊（1937-2006 年）逃亡半年後被美軍擄獲，從他身邊搜出七十五萬美元現金，美國情報人員擔心被捕者只是替身，於是檢驗其毛髮 DNA，最終確定是薩達姆本人，經伊拉克法庭審判，2006 年 11 月 5 日被判處絞刑，12 月 30 日執行死刑。

伊拉克獨裁者薩達姆落網時，美國情報人員以檢驗其毛髮 DNA 來確定身分（來源：維基百科）

　　由於毛髮能夠記錄主人的身分訊息，往往成為破案關鍵。1977 年，邁阿密女護士黛博拉‧克拉克（Debra Clark）遭人謀殺，兇徒一直逍遙法外，四十二年未能偵破，幸警方在死者手臂內側找到的一根頭髮，隨著 DNA 技術突破，測試結果顯示，兇手就是死者昔日祕密情人布萊格曼（Allen Bregman）。

　　天網恢恢，疏而不漏，當布萊格曼殺死克拉克時，他的一根頭髮脫落，正正落在克拉克的屍體上。原來，已婚的布萊格曼一腳踏兩船，不想離婚而動殺機，2019 年，布萊格曼被判罪成，是邁阿密戴德郡當地有史以來，從殺人犯案到兇手定罪，距離時間最久的案件。

　　毛髮是一把鎖匙，能打開主人的身世祕密，頭髮被人偷去

可大可小，尤其是名人，2002 年，曾任英國陸軍上校的保安專家貝爾，聘請阿根廷美女靠近哈利王子，又僱用一名退役英軍展開跟蹤，意圖獲取哈利王子的頭髮樣本，與戴妃舊情人休伊特的頭髮樣本進行基因鑑定，以確定哈利是否休伊特的私生子，目的是將檢驗結果賣給傳媒賺錢。此外，美國巨星米高積遜的三名子女剪髮時，會盡量把所有髮碎帶走，免被人拿去化驗追查身世。

第十六章

頭髮迷　另類收藏

　　2018 年，英國維多利亞和阿爾伯特博物館舉辦「1868 年馬格達拉」特展，展出兩縷頭髮，結果引起一場外交風波。

　　原來，這些頭髮是從非洲埃塞俄比亞皇帝特沃德羅斯二世（Tewodros II，1818-1868 年）頭上割下。

特沃德羅斯二世是埃塞俄比亞一代明君，深受國民懷念（來源：維基百科）

特沃德羅斯二世是埃塞俄比亞的國家英雄，在位十三年，結束國內近百年戰亂，重新統一國家，削弱教權及貴族勢力，增強中央集權，建立一支戰鬥力強的軍隊，確保國家穩定，他又把荒地交由農民耕種，降低關稅鼓勵貿易，讓國家從廢墟中繁盛起來，埃塞俄比亞人至今仍非常尊重他。

這位雄才偉略的埃塞俄比亞皇帝，為何其頭髮會在英國？1868 年，英軍入侵埃塞俄比亞，兵臨首都馬格達拉城下，特沃德羅斯二世英勇抵抗，在英軍猛烈炮火下，傷亡慘重，特沃德羅斯二世見大勢已去，要求所餘無幾的士兵停止戰鬥：「快走吧，士兵們！我解除你們效忠的義務，至於我本人決不會落入敵人手中。」說畢吞槍自殺殉國。

英國願意歸還皇帝頭髮

英軍事後發現皇帝的屍體，剪下其兩縷頭髮，同時大肆搜掠，劫去五百多件寶物，包括皇帝的的手稿、皇冠、十字架、基督教聖杯、宗教偶像、皇袍、盾牌和武器等。

皇后及年僅七歲王子阿萊馬耶胡被擄走，連同大批戰利品帶回英國，皇后於途中病故，阿萊馬耶胡王子活到十八歲英年早逝，獲維多利亞女王准許安葬在英國王室成員墓地所在的溫莎城堡，而特沃德羅斯二世的頭髮則一直收藏在英國國家陸軍博物館內。

這段歷史對於埃塞俄比亞人來說，猶如英法聯軍火燒圓明園之於中國人一樣，是代代不能磨滅的歷史傷痛，所以英國將特沃德羅斯二世的頭髮展出時，引起埃塞俄比亞的強烈抗議，

當地政府甚至揚言不惜訴諸一切法律及外交手段討回文物，基於壓力，英國國家陸軍博物館最終答應願意歸還皇帝的頭髮。

埃塞俄比亞人重視皇帝頭髮的程度，從埃塞俄比亞駐倫敦大使館的聲明中表露無遺：「對於世界各地的埃塞俄比亞人來說，由於這些頭髮代表我國極受尊敬與喜愛的領導人遺骸，當它回到埃塞俄比亞的真正家園，可以預期埃塞俄比亞人將興高采烈。」

英軍發現特沃德羅斯二世的屍體後，剪下其兩縷頭髮（來源：Marzolino）

頭髮是身體一部分，亦是人類最獨特的象徵，有些文化甚至認為頭髮代表主人的靈魂，因此收藏頭髮由來已久，其中名人的頭髮最受追捧，每次拍賣名人頭髮，競投之激烈，不遜於其他珍貴藏品。

　　2002 年，貓王皮禮士的頭髮賣出十一萬五千歐元，創下名人頭髮拍賣最高價。2007 年，披頭四成員約翰‧列儂的理髮師以四萬八千歐元賣出約翰頭髮。2016 年，瑪麗蓮夢露的頭髮拍賣，售出四萬歐元。

哲古華拉頭髮成護身符

　　古巴已故領袖哲古華拉（Che Guevara，1928-1967 年）生前一頭濃密頭髮及絡腮鬍，叼著雪茄睥睨天下的神態，帥氣十足，他的頭髮一直有價有市，不單崇拜者樂意收藏，連虔誠天主教徒也瘋狂搜集，這與他在南美洲玻利維亞被處決後被吹捧成耶穌一樣的人物有關。

　　1967 年 10 月 9 日，哲古華拉的遺體被送往瓦列格蘭德小鎮處理，兩位

哲古華拉是共產世界領袖中性格最鮮明的人物之一

修女清洗遺體期間，神奇事情發生了，哲古華拉眼睛張開，眼神水汪汪而祥和，嘴角浮現隱約的微笑，頭顱被木板墊高，像殉道的聖者凝視苦難的人間。

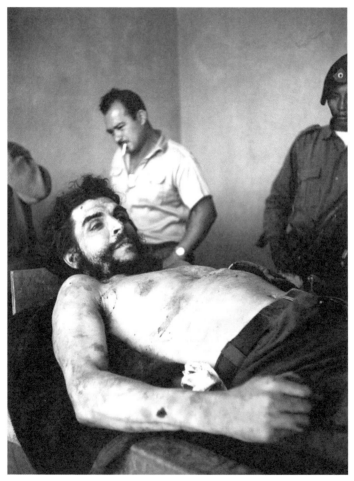

哲古華拉被處決後，雙眼張開，眼神祥和，像殉道的聖者凝視苦難的人間

為哲古華拉清理屍體的玻利維亞護士蘇珊娜·奧西納伽（Susana Osinaga）曾回憶當地人十分驚訝地發現死不瞑目的哲古華拉「就像耶穌一樣，有著堅毅的眼睛、鬍鬚、長髮」。消息傳開後，當地虔誠天主教婦女及醫院修女視哲古華拉如耶穌再世，紛紛前來收集哲古華拉的頭髮做護身符。

2007 年 10 月 25 日，正值哲古華拉逝世四十週年，美國達拉斯拍賣哲古華拉的頭髮，以約十二萬美元成交，由休斯敦一名書商投得。這束頭髮原本由前中情局特工維洛多擁有，聲稱在 1967 年協助玻利維亞政府軍，成功捕殺哲古華拉後割下。

頭髮收藏家列茲尼科夫

名人頭髮可遇不可求，最直接方法當然是從拍賣會上投得，列茲尼科夫（John Reznikoff，1960 年）是美國拍賣會常客，也是國際著名頭髮收藏家，收集名人頭髮之多已列入《健力士世界紀錄大全》，包括美國前總統林肯、甘迺迪、法國國王拿破崙、影星瑪麗蓮夢露、物理學家愛因斯坦、歌星貓王皮禮士利、英國國王查理一世及作家狄更斯等。

列茲尼科夫自幼喜歡收藏棒球卡及集郵，一場騙局令他走上收藏歷史文物之路，改寫了命運，1992 年，他在紐約遇上一名男子，聲稱藏有前總統甘迺迪最重要文件，三年後這批文件以數百萬美元出售，後來被揭發偽冒，騙徒被判監十年。

列茲尼科夫曾協助警方調查，並發現為這批文件作鑑證的專家也是偽造，他深受刺激，決心成為文物鑑證專家，打擊同類騙案，首先著手研究甘迺迪的文物，漸漸成為相關專家。

列茲尼科夫是國際著名頭髮收藏家（來源：John Reznikoff）

　　其間，他愛上收藏名人頭髮，從總統、歌星、作家至刺客的頭髮也會收藏，有些從犯罪現場取得，有些從死者家屬那裡得來，有些直接向理髮師購買。

　　2004 年 5 月，列茲尼科夫就以三千美元，從俄亥俄州的理髮店東主賽茲莫爾那裡購買首名登月的美國太空人杭思朗的頭髮，事件曝光後，杭思朗向列茲尼科夫發出律師信，要求歸還自己的頭髮，列茲尼科夫拒絕交出頭髮，但答允向慈善機構捐出三千美元。

土耳其頭髮收藏家
ChezGalip 本身是
陶藝家（來源：
Heracles Kritikos）

失戀而成立頭髮博物館

　　列茲尼科夫定位清晰，集中收藏名人頭髮，貴精不貴多，
但以數量來計算，土耳其收藏家 ChezGalip 絕對是世上收藏頭
髮最多的人，同樣列入《健力士世界紀錄大全》，他在土耳其
阿瓦諾斯的頭髮博物館共收藏了一萬六千多名女性的頭髮，密
密麻麻掛滿一個洞穴內。

　　Chez Galip 本身是一名陶藝家，原本對頭髮毫無興趣，一
次分手的傷痛，他要求即將離去的女友剪下一縷頭髮作紀念，

掛在陶器店內，之後到訪陶器店的女士，聽到他的愛情故事大為感動，紛紛剪下頭髮給他，不經不覺收集大批女性頭髮，1979 年，他把陶器店地下洞穴改建成頭髮博物館展出這些另類藏品，大受歡迎。

在美國密蘇里州亦有一座 1989 年創立的勞拉頭髮博物館，創始人勞拉（Leila Cohoon）是一名美髮師，自幼迷上頭髮，在工作之餘，收集各類頭髮，尤其是頭髮製成的藝術品，包括頭髮做成的花環、裝飾品和首飾。

比如，髮環浮雕由家族成員提供頭髮編織而成；十九世紀用歷代家人的頭髮編成的「頭髮家譜」；美國南北內戰時期，妻子用頭髮製成錶帶，讓上戰場的丈夫帶著；奧斯威辛集中營裡用猶太囚犯的頭髮製作的工藝品等。

博物館由三間房間組成，從屋頂到地板上，都是她的收藏品，包括六百多個髮環及二千多件用頭髮製作的藝術品。還有不少名人頭髮，包括英國女王維多利亞、美國總統華盛頓、林肯、甘迺迪、列根，以及巨星瑪麗蓮夢露和米高積遜等。

除了這些博物館收藏頭髮外，倫敦自然歷史博物館收藏超過五千個頭髮樣本；聖彼得堡俄羅斯人類學民族學博物館有二千二百個居住不同地理區域的人的頭髮樣本；維也納自然歷史博物館也有逾四千個頭髮樣本，只是這些頭髮不公開展示，研究價值居多。

第十七章

陰毛　腋毛　脫毛

英國浪漫主義詩人拜倫勳爵（Lord Byron，1788 － 1824年），他的愛情生活較其作品還要精彩，其中與卡洛琳・蘭姆（Caroline Lamb）夫人一段情最為轟烈。

拜倫生前有收藏情人陰毛的癖好（來源：Richard Westall，1813 年）

蘭姆夫人較拜倫更加瘋狂，為他做出種種匪夷所思行為（來源：Eliza H. Trotter, 1810）

　　雖然蘭姆夫人形容拜倫「瘋狂、邪惡、危險，但仍禁不住去了解。」但她的性格比拜倫更加瘋狂，她假扮成男人從拜倫門前經過，把拜倫寫給她的情書丟到鄰居孩子們跳舞的篝火中付之一炬，在宴會上砍傷自己的胳膊，只為引起拜倫的注意。

　　蘭姆夫人與拜倫的戀情時斷時續，有一天，拜倫收到一個

郵件，是一個有拜倫肖像的小金盒，裝著一撮陰毛，寄件人正是蘭姆夫人。

蘭姆夫人把一撮陰毛送給拜倫，可能是應愛郎的要求，因為拜倫生前有收藏情人陰毛的特殊癖好，拜倫死後遺下很多情信，在信封裡存放不少陰毛，旁邊是他女朋友的名字，相信拜倫作為最私人的紀念品，回味相愛的美好時光。

英國藝術評論家羅斯金（John Ruskin，1819 － 1900 年）卻被陰毛毀了幸福，他醉心古希臘羅馬的裸像世界，認為女人身體應長得和古典裸像一樣，以至於新婚之夜看到新娘的陰毛驚嚇不已，終生難以平復，他的妻子以未曾圓房為由，和羅斯金離婚，嫁給了前拉斐爾派畫家米列斯。

作家亨利‧米勒（Henry Miller）在《北回歸線》中，就女性陰毛的描寫，可能引起羅斯金的共鳴：「我他媽的一心想看她的窟窿眼兒，終於有一天我賄賂了她的小弟弟，讓我偷看她洗澡。這比我想像的還要不可思議，她從肚臍到胯部長著一簇蓬鬆的毛，厚厚的一大簇，像是蘇格蘭高地人繫在短裙前的毛皮袋，又濃又密的毛，簡直是一小塊手工織成的地毯。」

陰毛是性成熟廣告

在人類進化角度，存在的東西必定有存在理由，包括最為私隱的陰毛。陰毛又稱恥毛、性毛、下體毛，是生長在人類外生殖器、恥骨聯合和大腿內側上的毛髮。每個成年人大約有三千根陰毛。陰毛和頭髮一樣，會發生脫落，平均每半年更換一次。陰毛以彎曲為主，佔了八成二，餘下為直。

男性發育初期，陰毛首先稀疏出現在陰囊和陰莖的根部，第一年內，陰毛便會變得很多，三至四年，陰毛覆蓋整個陰部。女性陰毛首先沿著大陰唇的邊緣生長，接著的兩年內在陰阜上向前蔓延。第三年，陰部的三角地帶就已被陰毛濃密覆蓋。

陰毛主要保護陰部，起緩衝作用（來源：佛洛伊德，1967 年）

與其他靈長類動物相比，只有人類才會在性器官旁邊，生長出濃密體毛，相信與人類直立行走有關。英國倫敦大學學者韋斯（Robin Weiss）相信，在原始階段，人類還是赤身裸體的時候，以陰毛顯示性成熟，可以性交。

　　有人說，陰毛濃密代表性慾強；亦有人說，女性無陰毛稱為「白虎」，剋夫不祥。但這些都是謬誤，陰毛的疏密與人體本身的雄激素水平有關，激素水平高者其陰毛較濃密，體毛也相應較多；同時也與父母遺傳有關。

剃陰毛爭論千年

　　女性體毛當中，沒有比陰毛和腋毛更具爭議，留或剃爭論了數千年。就以陰毛為例，古埃及、古希臘、古羅馬及伊斯蘭教文明，都有剃陰毛傳統；在東方，中國人繼承「身體髮膚，受之父母」的觀念，所以絕少剃除陰毛。

　　韓國女性更以擁有濃密陰毛為榮，無陰毛或少毛症在東亞女性中普遍，在韓國崇尚多陰毛的國度，患者可能感到羞恥、自卑和恐懼感，部分寧願向整容醫生求助，花錢換來濃密的陰毛。

　　究竟陰毛應不應剃除？答案是見仁見智，陰毛的功能主要保護陰部，起緩衝作用，不過在炎熱地方，剃除陰毛可以使陰部更加清爽衛生，減少女性下生殖道感染機會，如霉菌性外陰炎、陰道炎、陰道滴蟲病及性病。而男女性交中，男性的陰毛已足夠達到減少性交時互相摩擦作用。

　　至於腋毛，作用是遮擋、保護腋窩，使之不受外來細菌和

灰塵侵擾。陰毛長出兩年後，腋毛亦開始長出，一般女生十三歲、男生十五歲。腋毛是人體第二性徵之一，與陰毛相同，是腎上腺開始分泌雄激素的結果。

腋窩亦是人類直立行走的產物，一般四足動物沒有腋窩這東西，但人類雙腳行走後雙手得到解放，垂下雙臂而行，漸漸形成滿佈血管、神經腺及汗腺的腋窩，腋窩裡的皮膚非常嬌嫩，雙臂擺動時容易磨損，因此需要一定的毛髮阻隔，那就是腋毛。

既然腋毛與陰毛同是雄激素分泌的結果，那麼腋窩的出現並非單純只為排汗，它演變成求偶訊號（sex pheromones）的發射站，一般動物的體味通常源自於生殖器官，而人類直立行走後，性器官位於人體中間位置，胯下內側，不像哺乳類動物，雄性走到雌性尾巴後面，就能嗅到對方有否發情訊號，人類也不可能見到異性，即蹲下朝著她的下體使勁地嗅，雖然你可以美化為拜倒在她石榴裙下，但這種性試探的行為相當猥褻又失禮。

腋窩的出現就是代替性器官發出氣味，一對男女在茫茫人海相遇，腋窩較性器官更靠近鼻孔，不用太過著跡，就能嗅到這獨特的天香，一切盡在不言中，不是很浪漫嗎？

本來腋窩飄香有助人類吸引異性，繁衍後代，但往後的發展卻背道而馳，反而成為人類求偶的絆腳石，腋窩因常出汗而濕潤，加上腋下多磨擦而溫暖，又濕又熱的環境容易滋生細菌，腋毛此時變成了幫凶，成為藏污納垢的溫床，令濃烈氣味更加一發不可收拾。

在赤身露體的原始時代，身體無拘無束相對乾爽，腋味不太濃烈，但當人類開始穿上衣服，腋下在封密之下更加炎熱，更加多汗，更加多菌，結果天香變濁臭，發出的腋臭（俗稱狐臭）不但吸引不到異性，更令人退避三舍，嚴重影響社交生活，姻緣運自然大打折扣。

腋毛性感刮掉可惜

應否剃除腋毛？台灣著名導演李安力撐腋毛性感：「連我媽媽六十、七十年代的人也沒有刮，中國人沒有那麼多氣味，對我來說，腋毛很性感，刮掉很可惜。」李安一句很性感，湯唯為拍《色戒》於八個月內不刮腋毛，支持者還包括山口百惠、林青霞等人。2019 年，美國性感女星艾蜜莉・瑞特考斯基（Emily Ratajkowski）為雜誌《Harper's

女性腋毛剃除與否一直引起爭議
（來源：Lucky Business）

Bazaar》影性感相，刻意露出濃密的腋毛，她撰寫文章談及女權主義：「我剃不剃腋毛完全是我自己的選擇，對我來說，體毛是給女性另一個機會去實行選擇的能力。」不過，反對的女性數亦不少，台灣女星徐熙媛認為：「不想出醜，就把腋毛清乾淨。」支持者有蔡依林、范冰冰等人。

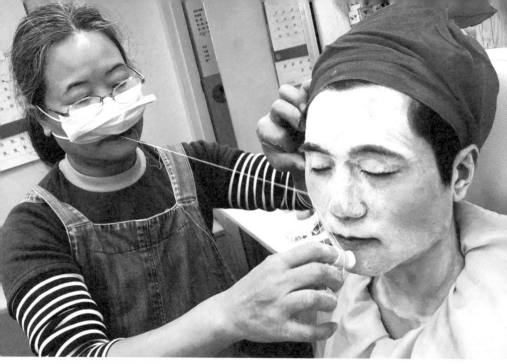
中國挽面除掉絨毛技術歷史悠久（來源：上環梁太／梁燕珊線面）

　　毛髮是自然的東西，但對於愛美的女性而言，陰毛、腋毛及部分體毛都是感到不自然的東西，因此想出各種脫毛方法，古埃及人用鑷子、浮石，或用糖和蜂蜜製成的蠟來脫毛。古羅馬人使用燧石製成的剃刀、鑷子、面霜和石頭來脫掉多餘的毛髮。

　　中國則流行挽面方法，挽面婆首先在客人的臉上抹些石灰粉用作潤滑，然後拿一根浸濕的白色棉線，藉助牙齒和雙手讓棉線上下左右交叉絞動，拔掉臉上的絨毛。這一脫毛方法一直流傳至今，在一些老年人中依然流行。現代則利用微創或雷射技術，將毛囊殺死，達到永久脫毛的效果。

第十八章

眉毛　睫毛　女性最愛

　　金庸小說《倚天屠龍記》的結尾寫道，趙敏見張無忌寫完給楊逍的書信，手中毛筆尚未放下，神色間頗是不樂，便道：「無忌哥哥，你曾答允我做三件事，第一件是替我借屠龍刀，第二件是當日在濠州不得與周姊姊成禮，這兩件你已經做了。還有第三件事呢，你可不能言而無信。」

張敞替妻子畫眉故事傳頌千古

張無忌吃了一驚，道：「你你你又有甚麼古靈精怪的事要我做」，趙敏嫣然一笑，說道：「我的眉毛太淡，你給我畫一畫。這可不違反武林俠義之道吧？」張無忌提起筆來，笑道：「從今而後，我天天給你畫眉。」

　　這一幕盡顯兩情相悅，愛得纏綿，令人聯想起漢宣帝時京兆尹張敞，每天上朝前都為眉毛有缺角的愛妻畫眉，故有「畫眉京兆」的美譽。在人類毛髮中，眉毛是獨一無二的，唯一能昇華情愛的毛髮，男性替心儀女子梳頭或紮辮，很難有一種浪漫的感覺，但提筆為女子細心畫眉，確是溢滿情意。

　　我們觀察一下黑猩猩、大猩猩及紅毛猩猩，會發現牠們沒有眉毛這東西，為何人類需要兩條眉毛？眉毛就好似天然簷篷，減低雨淋日曬對眼睛的傷害，人類祖先走出森林後，頭上再沒有一片樹林遮光擋雨，眉毛就扮演起簷篷的角色，防止汗水和雨水流入眼睛，邊緣彎曲的形狀和眉尖所指的方向，可以確保水滴沿著臉的兩旁和鼻子上流過，不致流入眼睛裡，還可以減輕陽光的灼射傷害，兩條眉毛有吸收眼睛附近過多的紫外線作用，就如欖球員在眼睛下面畫一雙黑色粗線，同樣是防止紫外線保護雙眼的措施。

喜怒哀懼愛惡欲

　　中國古人將眉毛稱為「七情之虹」，因它能表達喜怒哀懼愛惡欲等七種情態。據研究，眉毛大概有二十多種表情，如形容女子發怒的「柳眉倒豎」；表示順從的「低眉順眼」；充滿敵意的「橫眉冷對」等。

毛髮趣史

簡單的毛髮　不簡單的故事

美國聯邦調查局（FBI）因盤問經驗豐富，很注意身體的細微變化，認為眉毛的主要作用在於傳情達意，最特別地方是眉毛不能單獨表達意思，必須配合其他面部器官進行表情組合。而善於偽裝表情的人，往往忽略眉毛的細微變化而露出馬腳。

眉毛的特別之處是必須配合其他面部器官進行表情組合（來源：Idutko）

日本平安時代曾興起麻呂的眉毛款式

夢羅麗莎的淺眉毛，是受到中世紀遺風影響（來源：達文西作品，1503-1506 年）

古埃及有一種蒼蠅，飛進人眼產卵傷害極大，人們為保護眼睛，會用具有殺菌作用的西奈半島的孔雀石，製成青綠色粉末來畫眼線，並用黑色炭灰畫眉。希臘歷史學家希羅多德（約前 484 －前 425 年）曾記載古埃及一則有趣風俗，如果家裡的貓死了，家中成員會在貓的葬禮上剃眉毛。

日本平安時代，女性仿效中國古時做法，把所有的眉毛剃掉，在額頭的高處畫眉，最有趣的是，她們會把眉毛畫成兩個對稱的橢圓形，大小和拇指印差不多，這種橢圓狀的眉毛被稱為麻呂。

文藝復興巨匠達文西的名畫《夢羅麗莎》，當時的女性還受中世紀遺風影響，貴婦人喜歡寬大的額頭，會剃掉遮住額頭的頭髮和眉毛。英國女王伊麗莎白一世，每天都要把眉毛修成一條細線，並把前額的頭髮刮掉。

中國歷朝歷代有不同的眉毛樣式流行，如秦朝流行「蛾眉」，漢

朝崇尚「八字眉」，唐朝以柳眉和月眉最受青睞，明清以纖細彎曲的眉為主。

王莽篡漢後倒行逆施，山東地區爆發民變，起義軍以朱塗眉，故稱赤眉軍。赤眉軍高峰期發展至十萬之眾，勢力擴及青州、徐州、兗州和豫州各地，一度攻佔長安，大肆搶掠，但後來被劉秀所打敗，赤眉起義失敗，劉秀建立東漢。

英女王伊麗莎白一世的眉毛細如幼線（來源：William Sergar，1585 年）

王粲眉毛脫落而死

中醫認為，眉毛能反映五臟六腑的狀況，《內經》寫道：「美眉者，足太陽之脈，氣血多；惡眉者，血氣少。」東漢著名醫學家張仲景（150 － 219 年）有一則與眉毛有關的故事，有一天，他對「建安七子」之一的王粲（177 － 217 年）說：「你已經患病了，應該及早治療。如若不然，到了四十歲，眉毛就會脫落。眉毛脫落後半年，就會死去，現在服五石湯，還可挽救。」

可是，王粲聽了不悅，自認身體無恙，不以為然。過了數天，張仲景問王粲：「吃藥沒有？」王粲謊稱：「已經吃了。」張仲景認真觀察他的神色，搖搖頭對王粲說：「你並沒有吃藥，你的神色跟往時一般。你為甚麼諱疾忌醫，把自己的生命看得這樣輕呢？」王粲始終一意孤行，二十年後眉毛果然慢慢地脫落，半年後更一命嗚呼，應了張仲景所言。

埃及豔后的閃閃睫毛

睫毛很有趣，是毛髮中的「性格巨星」，它很乖，會為眼睛遮風擋雨，它也很壞，敢於「造反」傷害眼球。

如果說眼睛是靈魂之窗，那麼睫毛就是這扇窗的窗簾，生於眼瞼邊緣的睫毛，十分敏感，當有物件觸碰到睫毛，眼瞼會自然閉合保護眼球。

睫毛為眼睛鞠躬盡瘁，任勞任怨，可惜換來卑躬屈膝，被眉毛奪去應有地位，眉毛和睫毛皆附於目，但只聽人說「眉目傳情」，沒聽人說「睫目傳情」，那些甚麼「迫在眉睫」、「仰

人眉睫」等成語，往往把眉放在睫之前，但論親密程度和護目
功能，睫毛遠勝於眉毛，無奈睫毛勢單力薄，只有一百根左右，
毛的數量除了多於耳毛之外，都不及其他毛兄弟，眉毛約三千
根，三十倍於睫毛，在人類邏輯中，數量的多寡決定重視的程
度，睫毛當然吃虧。

擁有一雙長長的睫毛，是不少女性夢寐以求的東西（來源：Vladimir
Gjorgiev）

再者，許多人整容割大雙眼，總是詭稱是治療睫毛倒生問題，找睫毛作藉口，向睫毛潑髒水，也許積了太多冤氣，睫毛是人類體毛中唯一會傷害人的毛髮，許多人也曾吃過倒睫之苦。

睫毛倒生會造成摩擦及刺激眼球，導致眼痛及流眼水，甚至角膜損傷及發炎，進而影響視力。睫毛倒生成因頗多，先天和後天皆有，一般敏感、發炎、受傷及砂眼等情況，會導致毛囊生錯方向，令睫毛倒生。

睫毛會令人苦不堪言，也會帶來不少甜頭，睫毛是繼頭髮及鬍鬚之外，最吸金力強的毛髮，產生不少商品和服務，香港植假睫毛的店舖成行成市，許多女性寧願節衣縮食，也要定期去植睫毛，讓雙眼更加明豔照人。

早於青銅器時期，人類已懂得用眼影粉來保護及突顯睫毛，埃及人最早發明睫毛膏，利用灰、木炭、燒焦的杏仁、孔雀石和鉛，加入蜂蜜和鱷魚的大便調和，防止顏色及粉末脫落。

古埃及人大多眼窩深陷，鼻樑挺拔，女性喜歡化濃的眼影和眼線，埃及豔后克麗奧佩脫拉七世（Cleopatra VII，前 69- 前 30 年）作風豪奢，樂於展示自己的巨大財富，曾把一對珍珠耳環（現在價值約百萬美元）放入醋中溶掉，震懾賓客。

埃及豔后用於臉上的化妝材料更是價值連城，利用名貴的青金石，磨成石粉裝飾睫毛，令雙眼金光閃閃，充滿魅力，怪不得她能俘獲古羅馬兩大最有權勢的男人凱撒和安東尼之心，與她懂得打扮及超凡氣質不無關係。

古羅馬人對毛髮慨念十分獨特，認為脫髮是與惡魔搭上，認為眼睫毛脫落因縱慾過度，擁有濃密的睫毛是女子貞潔的象徵。羅馬人喜歡把玫瑰花瓣燒焦，混合棗核、煤炭的灰及銻粉做成睫毛膏，他們認為玫瑰是浪漫和美麗的代表。

埃及豔后以名貴的青金石粉裝飾睫毛，增加魅力（來源：Alexandre Cabanel，1887 年）

眉毛　睫毛　女性最愛　第十八章

人類的睫毛因應環境而演化各異，歐洲人眼窩較深，為避免汗水及沙塵入眼，進化出較長的眼睫毛，所以歐洲女性熱衷眼影、眼線和睫毛修飾。中國人面部較扁平，眼眶及雙眼皮寬度不及西方人，睫毛較短，自古輕視睫毛的存在，史書上記載的少之又少。非洲東部坦尚尼亞的哈扎人女性，卻討厭長長的睫毛，會定期修剪。

第十九章

愛情　髮絲哀思

「世間所有的相遇，都是久別重逢」，2013 年電影《一代宗師》，是一齣相當出色的功夫片，它不是賣弄花巧的武術，而是宣揚武學的意境和真諦。整部電影同樣可以用「一橫一豎」解讀，橫是武，豎是情，男女主角的感情伏線鋪墊得淡淡然，沒有激情沒有熱戀，在歲月沉澱下卻如美酒愈香愈醇，最後遺下哀痛的淒美。

章子怡飾演宮二小姐若梅，是全片中最耀目的角色，她傾慕葉問，葉問亦對她動心，一約既定，萬山難阻，葉問原本赴東北尋找宮二，卻因戰爭而被迫取消，兩人自此各走一方，杳無音訊。

宮二為了報殺父之仇，斷髮奉道，一輩子不嫁不育，最終如願擊敗殺父仇人馬三，宮二亦元氣大傷，終日舊患纏身，靠鴉片煙止痛。十多年後，宮二與葉問在香港重逢，葉問解釋失約原因，宮二望著葉問感觸良多，朝思暮盼的身影終於到來，卻只能對他說：「人生無常，沒有甚麼可惜的。」

以髮寄意以髮定情

宮二自知時日不多，有一天約了葉問見面，既是生離，也是死別，她臉上塗抹胭脂，卻難掩憔悴的病容，她強行擠出笑容，可惜流下來的淒淚背叛了她，哀嘆有緣相遇無緣相愛，宮

二紅著眼幽幽地說：「我心裡有過你，喜歡一個人不犯法，但也只能到喜歡為止了。」

　　宮二向葉問表白後心無牽掛，不久便病逝，葉問到宮二家中拜祭，老侍從福星把宮二留給葉問的匣子遞上，裡面裝著宮二斷髮奉道時頭髮燒成的灰，女人斷髮如斷頭，髮絲只能給最愛的人，宮二在死後以另一種形式相伴葉問左右，以彌補生前的遺憾。

　　宮二以髮寄意，以髮定情，大唐第一美人楊貴妃亦曾以一縷青絲挽回唐玄宗的心，話說有一次，楊貴妃惹怒了唐玄宗，被趕回娘家去，隔了一段日子，唐玄宗心軟了，派宦官去看望楊貴妃。

楊貴妃被趕出王宮，剪下一綹頭髮挽回唐玄宗的心

楊貴妃自知理虧，剪下一絡頭髮交給宦官哭說：「妾罪當死，陛下幸不殺而歸之。今當永離掖庭，金玉珍玩，皆陛下所賜，不足為獻，惟髮者父母所與，敢以薦誠。」唐玄宗看見愛妃的髮絲，知其心意，怨恨全消，最終和好如初。

青絲情絲結髮夫妻

古代女子愛得含蓄，青絲，情絲也，女子把一絡髮絲交付愛郎，是一種感情的託付，勸君珍惜。西方的男子若向女子索要頭髮時，等同向對方求婚，東西方文化迥異，但都不約而同把頭髮用來表達愛意。

束髮是中國古人成年禮一部分，又稱「結髮」，男子在二十歲時舉行冠禮，把頭髮盤成髮髻，謂之「結髮」，女子則在十五歲舉行笄禮，笄者簪子也。到了漢代，結髮成了新婚夫妻成婚的儀式之一，漢代蘇武有詩云：「結髮為夫妻，恩愛兩不疑」，男女結成佳偶，又稱「結髮夫妻」。

洞房花燭夜，男女雙方各自剪下一絡頭髮綁在一起，表示永結同心，纏綿緋惻。另有一種解縲儀式，女子找到如意郎君後，會把頭髮以絲帶束起，表示心有所屬，直到新婚夜，才由夫婿解下束帶，寓意關係親密。

世上最漫長的東西叫做哀思，頭髮寄哀思，一絲絲，一串串，永無止境。亞力克珊娜·斯佩特在《髮絡》中說到古希臘人有一個風俗：「埋葬死者之前把死者的頭髮懸於門上，哀悼者經常會撕扯自己的頭髮，剪掉或刮淨自己的頭髮，然後置於屍體之上，或者扔進火化堆，與他們為之哀悼的親戚朋友的肉

體一起火化。」

　　十八、十九世紀，歐洲人流行收藏頭髮，認為頭髮是聯繫生者和死者之間的重要感情紐帶，頭髮來自活生生的人，是生命的一部分，但因不易腐爛超越死亡，適合表達永恆的愛。

　　小說家雪萊把詩人拜倫的頭髮保存在鍍金相框中留念，這種「睹髮思人」的文化在英國維多利亞時代達到頂峰，當時女性愛把親密男友或已故親友的頭髮鑲嵌在戒指和胸針內，隨身佩帶。

維多利亞女王的吊墜

　　1861 年，英國阿爾伯特親王（Prince Albert，1819 － 1861 年）離世，維多利亞女王（Queen Victoria，1819 － 1901 年）悲痛欲絕，一直走不出喪夫的陰霾，她頒布法令在阿爾伯特親王的哀悼期內，全國上下不得穿戴除了黑色以外的服飾，女王自己就穿了近四十年的素衣，變成世上最知名的黑寡婦。

　　維多利亞女王命人特製一個心形盒狀吊墜，吊墜打開一邊是阿爾伯特的肖像，另一邊裝著阿爾伯特的髮絲，心形吊墜貼著女王心口，心心相印，女王至死也沒有取下來，非常珍愛。

　　1836 年 5 月，維多利亞女王與阿爾伯特初次邂逅時，已對親王的頭髮留下深刻印象，她在日記寫道：「阿爾伯特有著和我一樣顏色的頭髮，模樣非常英俊」，早於兩人訂婚後的第四天，她已向阿爾伯特索要一縷頭髮，放在心形吊墜盒內日夜佩帶，如今陰陽永訣，女王經常望著亡夫的髮絲沉思，緬懷昔日快樂的時光，尋找一絲慰藉。

英國維多利亞女王和阿爾伯特親王婚姻幸福，是歐洲王室中的模範夫妻
（來源：弗朗茲 · 克薩韋爾 · 温德爾哈爾特作品，1846 年）

     阿爾伯特遇上維多利亞是幸運的，維多利亞遇上阿爾伯特
是幸福的，阿爾伯特高大英俊，文質彬彬，涉獵廣泛包括語言
文學、音樂藝術、哲學、法學、政治經濟學、數學和生物學等，
一生好學不倦，有行走中的百科全書美譽。

阿爾伯特親王逝世後，維多
利亞女王穿了近四十年素衣
悼念亡夫（來源：維基百科）

維多利亞女王命人特製
的吊墜內藏亡夫頭髮

　　阿爾伯特的聰明才智幫助妻子解決不少棘手的政治難題，
英國舉辦第一屆世界博覽會，就是在阿爾伯特大力倡導下成
事，現在還是國際盛事，英國引以為豪的創舉。維多利亞終其
一生極度崇拜丈夫，視如偶像，難得的是阿爾伯特也對她一心
一意，兩人育有九名子女，恩愛非常，成為歐洲王室模範夫妻
的典範。

尼泊爾人民剃髮哀悼

2001 年 6 月 1 日晚上，尼泊爾加德滿都的納拉揚希蒂王宮裡傳來凌亂的槍聲，導致國王畢蘭德拉和王后艾西瓦婭等十人死亡，五人受傷，其中王儲狄潘德拉重傷，狄潘德拉被指是開槍射殺王室成員的兇手，事後畏罪吞槍自殺，他搶救三日亦告不治，動機至今成謎。

尼泊爾國王畢蘭德拉生前深受國民愛戴，他被殺消息舉國震驚（來源：維基百科）

根據印度教的傳統，服喪男子須剃成光頭，後腦勺保留一小撮頭髮（來源：Matt Hahnewald）

　　三天內，尼泊爾先後失去兩位國王，尤其畢蘭德拉生前愛民如子，深獲擁戴，在印度教徒心目中國王是毗濕奴神的化身，地位崇高。國民悲痛萬分，全國一下子變成光頭王國，根據印度教的傳統，當父母去世時，成年男子須剃成光頭，後腦勺保留一小撮頭髮，作為子女服喪和戴孝的標誌。一時間，尼泊爾理髮店應接不暇，大排長龍，印度二百多名理髮師來到尼泊爾幫手，窮苦大眾獲免費剃髮，舉國上下沉溺在哀痛中，遍地剪下的髮絲。

第二十章

髮鬼 毛骨悚然

　　一身白衣、長髮遮面，扭曲的身體從電視中爬出，越爬越近，一隻恐怖眼睛漸漸從髮篷間露出，把受害者嚇到魂飛魄散，這是 1998 年日本電影《午夜凶鈴》中主角貞子最驚嚇一幕。

　　2006 年韓國電影《鬼髮》中，智賢的胞妹秀賢因白血病致頭髮脫光，變得自卑，智賢送她一頂假髮，讓她恢復信心，誰知秀賢自此性情大變，判若兩人，她對胞姊男友修研大獻殷勤，多次誘惑。另一邊廂，又諷刺胞姊遭到修研冷落嫌棄，挑撥兩人感情。

　　智賢對妹妹的改變很是苦惱，不明白那頂假髮其實藏有幽靈，操控著秀賢的思想。原來修研有雙性戀傾向，多年前與一名男同學相愛，他為修研留下一頭烏黑的長髮，頭髮裡一日一日、一寸一寸地記載著對修研的愛與恨，由於愛得痛苦最終選擇墮樓身亡，亡靈寄附在長髮內，陰差陽錯戴在秀賢頭上。

　　亡靈真的會依附在頭髮內？在日本確實發生過一則真人真事的鬼髮事件！1918 年，十七歲男生鈴木永吉在北海道參觀海軍展覽場的時候，被商店櫥窗內一個人形娃娃吸引住，他買下送給兩歲胞妹菊子，妹妹愛不釋手，把它當作最好朋友，用自己名字幫它命名「小菊」，每天跟它聊天，形影不離。

一年後，菊子突然因病離世，父母悲慟不已，打算把人形娃娃作為愛女的陪葬品，不過最後還是把它留在家中，放在妹妹的祭壇上，之後詭異事情開始發生，小菊的頭髮變長了，原本頭髮披肩，竟離奇地垂至腰部，頭髮由剪得平整變得參差不齊。

人形娃娃小菊被指因靈魂附身，頭髮會自然生長（來源：Alwayswin）

家人相信是菊子的靈魂附在娃娃身上，於是供奉在家，定期替它修剪頭髮，如是者過了若干年，直至 1938 年，這家人遷走，不想帶走小菊，把它留下又覺邪門，擔心妹妹靈魂得不到安寧，最後決定送往北海道岩見澤市萬念寺內。

　　萬念寺住持聽家人告知人形娃娃的頭髮會自然生長感到不可思議，隨著時間過去，住持親眼看見小菊的頭髮變長，他也定期幫它修剪頭髮，至今仍供奉在寺內，每年三月舉行「整髮會」，吸引不少善信前來參觀拍照。

崇德天皇化作怨靈

　　日本京都白峰神宮供奉一個超級怨靈，傳說他死時長髮散亂，留著又尖又長的指甲，形如夜叉，蓋上棺材後還從棺內溢出鮮血。這個怨靈就是崇德天皇（1119－1164年），為何身分尊貴的天皇，死狀如此恐怖？他更立誓成魔亂國：

崇德天皇是日本第七十五代天皇，在位十九年（來源：維基百科）

「願化身日本國大魔王，擾亂天下，取皇為民，取民為皇，以五部大乘經，迴向惡道。」

正所謂沒有無緣無故的恨，崇德天皇的怨恨是有原因的，他生於帝王之家，曾祖父白河法皇權傾一時，但也好色成性，有傳看上孫子鳥羽天皇的妻子藤原璋子，誕下崇德天皇，鳥羽天皇因而深信崇德天皇是祖父的孽種，恨之入骨，從小就以「叔父子」稱呼兩人不尋常關係，在白河法皇的壓力下，鳥羽天皇退位，讓年僅五歲的崇德天皇繼承大統。

白河法皇仙逝後，鳥羽天皇以上皇身分重掌政權，把多年的仇恨發洩在崇德天皇身上，逼他把皇位讓予弟弟近衛天皇，崇德天皇從此無權無勢，鳥羽天皇駕崩後，崇德天皇發動叛變，史稱「保元之亂」，但以失敗告終，被流放四國讚岐（今香川縣）。

崇德天皇本來心如止水，誠心禮佛，抄寫了「五部大乘經」送往朝廷贖罪，不獲當時後白河天皇（崇德天皇另一弟弟）接受，甚至對他冷言冷語，揶揄他是一個活著沒有意義之人。

崇德天皇臨終前發願成魔，擾亂天下，是日本三大怨靈之一（來源：維基百科）

崇德天皇精神徹底崩潰，寫下血書而亡，死後化作大天狗，不斷在人間作亂，與菅原道真及平將門合稱日本三大怨靈，所謂怨靈是指充滿怨氣的亡魂，拒絕投胎，誓要在人間作亂報復。

　　崇德天皇死後，「取皇為民，取民為皇」的毒咒竟也一一靈驗，天皇地位自此一落千丈，以下犯上的武士如源賴朝建鎌倉幕府（1185-1333 年）、足利尊氏建室町幕府（1338-1573 年）、德川家康建江戶幕府（1603-1867 年），連草民出身的豐臣秀吉（1537 － 1598 年）也權力大過天皇，天皇如同木偶，任由臣民擺佈，貴賤尊卑逆轉。

　　經歷約七百年大權旁落，江戶幕府末年，孝明天皇計畫把崇德天皇之靈迎回京都祭祀，以撫慰崇德天皇的怨靈，孝明天皇因病早逝，明治天皇於京都建立了白峰神宮，把崇德天皇之靈從讚岐的白峰陵請回故鄉，說也奇怪，皇權果然復興，明治天皇成功大政奉還，結束幕府政權。

傳說日本髮鬼的頭髮內隱藏無數張遇害少女的臉孔（來源：維基百科）

日本髮鬼以髮為身

　　在世界各地的傳說中，均出現許多長髮女鬼，日本就有一名令人膽戰心驚的髮鬼，在《百鬼夜行》中記載，古時日

本有一名女子，為保持美貌，殺死無數處女，用鮮血沐浴永葆青春，死後依舊作惡，因為只在乎美貌，以髮為身，故名髮鬼，又稱邪門姬和千鬼姬。傳說髮鬼頭髮又長又密，頭髮內隱藏無數張遇害少女的臉孔。

　　另外，根據泰國傳說，一種名叫褡僆樹的樹木最惹鬼，女鬼常常寄居樹內，這種女鬼頭髮長長，美豔如花，穿著泰式傳統服裝，如果有人不慎砍伐女鬼藏身的褡僆樹，此人必遭女鬼纏身，死於非命。泰國人深信褡僆樹女鬼有靈，有人會前來拜祭，祈求她排憂解難。

泰國一種褡僆樹，傳說易招惹長髮女鬼寄居（來源：維基百科）

不少女鬼的形象都是長髮遮面，相當幽怨（來源：Fotokita）

　　香港也有一則著名的髮鬼故事，六十至七十年代開始流傳，話說近沙田馬料水的中大崇基學院，入夜後四野寂靜，在微風細雨的午夜，一名男生獨自返回宿舍，途中遇見一名白袍女子經過，他上前搭訕，只見女子身後拖著長長的辮子，主動地問：「小姐，這麼夜深，你一個人返宿舍呀？我也是一個人，不如一起作伴！」對方沒有反應，他繞過女子面前欲再問，結果大吃一驚，只見她前面如後面一樣拖著一根長長的辮子，男生心知不妙，嚇得拔腿狂奔。

有指長辮女鬼本是一名二十來歲偷渡來港的內地女子，當火車駛到中大時，她跳車逃走，殊料頭上長長的辮子捲進火車的車輪，高速轉動的車輪把她的頭髮、頭皮及部分面皮一併扯掉慘死，因死不瞑目，鬼魂在中大校園遊蕩。

　　為甚麼女鬼總是留著長髮？從心理學角度來解釋，首先長髮等同女性，長髮幽靈很容易聯想到女鬼。再者披頭散髮帶有一種淒厲、含冤的感覺，一般女鬼的故事大都充滿幽怨，生前遭到淒慘待遇，如貞子被父親推下井，被困井內飢寒交迫七日，含怨橫死。反觀男性自古形象剛強，長髮飄飄去找仇人索命，感覺怪怪的，反而面色慘白的女鬼披著長髮，已有一種毛骨悚然的恐怖感。

藝術　毛奇不有

痛苦隨頭髮在悄悄增長
不知不覺已披到肩頭
遮住了青春的面龐
東西南北風吹來
頭頂上旌旗招展
搖滾樂一樣呼啦啦作響
標新立異的個性
就這樣張揚
總有人指責
我的頭髮留得太長太長
可有誰問過我心中的憂傷

內地詩人陳立紅（1966年－）作品《痛苦隨頭髮在悄悄增長》，以頭髮為題材，暗示青春的頹廢、成長的空虛，別人看到標奇立異的表面，卻沒察覺憂鬱的內心。

毛髮的多樣化，就像孫悟空把猴毛一吹，化作無數的猴子猴孫一樣，如果人類沒有頭髮，文化藝術的光彩將會黯然失色！

試想想，波提切利《維納斯的誕生》、安格爾《泉》和雷諾瓦《煎餅磨坊的舞會》等名畫，畫中人若頭頂光禿禿，還美嗎？

法國印象派畫家德加（de Gas，1834 － 1917年）的名作《正在梳頭的女子》，剛出浴的女孩，背對著觀眾，正梳理濃密的紅髮，縱使女孩裸身露體，為甚麼觀眾的視線也很自然落在梳頭的動作上？美國心理學家史坦雷荷爾曾解釋，人體最具魅力的部位，第一是眼睛、第二是毛髮，再其次是容貌、身高等等，足見頭髮的吸引力。

德加的名作《正在梳頭的女子》（來源：德加，1885 年）

頭髮是上天給予藝術家最好的饋贈，可塑性高，豐富情感，充滿象徵意義，例如髮型賦予個性和靈魂、兩鬢斑白增添歲月流逝的滄桑味、烏黑頭髮代表青春，盛載著生命的火焰。

弗里達的美人生鬚

　　墨西哥女畫家弗里達・卡蘿（Frida Kahlo，1907 － 1954 年）是最擅長毛髮的象徵意義，她本身毛髮濃密，甚至美人生鬚，但她沒有遮掩這些醜態，如實地畫進自畫像中，加上墨西哥的絢麗色彩，構成獨特的美感，難怪她的自畫像，成為法國羅浮宮收藏的第一幅拉丁美洲畫家作品。

弗里達把自己濃眉和唇上生鬚畫進自畫像中（來源：弗里達，1940 年）

弗里達《短髮自畫像》充滿情感的隱喻（來源：弗里達，1939 年）

藝術　毛奇不有　第二十一章

1940 年，弗里達離婚不久，創作了《短髮自畫像》，畫中弗里達穿著男士西裝坐在黃色椅子上，地上散落剪斷的長髮，暗喻長髮為君剪，畫面上方的歌詞和琴譜，是一首墨西哥民歌，講述一位男子曾因頭髮而深愛一位女子，但現在他已經不再愛她，因為她沒了頭髮。

弗里達利用粗眉，唇毛等毛髮最醜陋的一面達致藝術效果，訴說了內心感受。捷克新藝術大師慕夏（Mucha，1860-1939 年）則把女性頭髮的線條發揮致驚豔的效果，同樣令人印象深刻。

慕夏筆下的女性髮型美麗飄逸（來源：慕夏，四季，1896 年）

擅長運用線條勾勒出女性優美姿態的慕夏，筆下頭髮線條如魔幻絢麗，與飄逸的衣摺、繽紛的花卉，融入柔和縹遠的光影，構成絕美的畫面，令人迷往。在西方藝術史上，繪畫女性頭髮線條之美可謂無出其右。

明朝散髮弄扁舟

在中國文學中，頭髮是一個永恆主題，中國第一部詩歌總集《詩經》已歌頌頭髮之美，〈鄘風·君子偕老〉載：「鬒髮如雲，不屑髢也。」「鬒」是頭髮濃密而黑，「髢」意為假髻。

在全唐詩裡，涉及白髮、青絲、鬢毛的關鍵詞作品超過七百首。

君不見高堂明鏡悲白髮，朝如青絲暮成雪——李白《將進酒》

白髮三千丈，緣愁似個長——李白《秋浦歌》

人生在世不稱意，明朝散髮弄扁舟——李白《宣州謝朓樓餞別校書叔雲》

少小離家老大回，鄉音無改鬢毛衰——賀知章《回鄉偶書》

香霧雲鬟濕，清輝玉臂寒——杜甫《月夜》

曉鏡但愁雲鬢改，夜吟應覺月光寒——李商隱《無題》

在常用成語中，有毛字的成語有二十四個、髮字十八個、眉字二十三個、鬍或鬢字各一，譬如一毛不拔、九牛一毛、吹毛求疵、千鈞一髮、怒髮衝冠、舉案齊眉、眉飛色舞、燃眉之急、耳鬢廝磨、吹鬍子瞪眼。這些成語用字精煉而形象化，典故意義深邃，豐富了內容，是中國文化的瑰寶。

頭髮是寶貝和冤家

魯迅（1881－1936年）對毛髮有頗深的研究，曾一針見血地指出當時日本人上翹的鬍子是漢族祖先的樣式，下垂的鬍子是蒙古人留下的產物：「清乾隆中，黃易掘出漢武梁祠石刻畫像來，男子的鬍鬚多翹上；我們現在所見北魏至唐的佛教造像中的信士像，凡有鬍子的也翹上，直到元明的畫像，

魯迅對頭髮歷史有頗深研究

則鬍子大抵受了地心的吸力作用，向下面拖下去了。」

魯迅早期小說《頭髮的故事》中，更用風趣幽默筆觸講述頭髮帶給國民的苦難，讀之莞爾，筆者抄錄其中最有趣一段。

「老兄，你可知道頭髮是我們中國人的寶貝和冤家，古今來多少人在這上頭吃些毫無價值的苦呵！」

「我們的很古的古人，對於頭髮似乎也還看輕。據刑法看來，最要緊的自然是腦袋，所以大辟是上刑；次要便是生殖器了，所以宮刑和幽閉也是一件嚇人的罰；至於髡，那是微乎其微了，然而推想起來，正不知道曾有多少人們因為光著頭皮便被社會踐踏了一生世。」

「我們講革命的時候,大談甚麼揚州三日,嘉定屠城,其實也不過一種手段;老實說,那時中國人的反抗,何嘗因為亡國,只是因為拖辮子。」

「頑民殺盡了,遺老都壽終了,辮子早留定了,洪楊又鬧起來了。我的祖母曾對我說,那時做百姓才難哩,全留著頭髮的被官兵殺,還是辮子的便被長毛殺!」

粵劇搖水髮來源

粵劇《劍底娥眉是我妻》中,女角王希穎含冤受屈激動跪下,頭上一束長髮搖動起來,愈轉愈快,博得滿堂喝采,這種搖水髮技藝,相信對劇迷來說絕不陌生。

「搖水髮」又稱「耍水髮」,是縛在演員頭頂一束長長的假髮,通常在忙亂、兵敗、逃亡、激動心情或心態失常等情節使用,生角通常站立搖水髮,旦角一般跪在地上。

「水髮」源於京劇,稱為「甩髮」,北京話的「甩髮」發音,廣東人聽起來極

粵劇中的搖水髮別具一格,令劇迷拍案叫絕(來源:Jenny So)

像「水髮」，誤以為這種搖動頭髮的技藝叫做「水髮」，一直沿用至今。

　　粵劇老倌假髮以真頭髮製成，曾因活人頭髮供應短缺，一度從死囚頭上剪下來，俗稱「死髮」。至於粵劇演員的鬍鬚，多採用馬尾毛，行內稱為「纓」，唯獨關公的鬍鬚由真髮製成，俗稱「髮三」，盡顯美髯公的超凡地位。

棠真髮變的暗示

　　台灣電影《血觀音》中，導演楊雅喆（1971 年 - ）利用角色棠真的頭髮變化，塑造她的性格變化，棠真原本是十四歲天真女孩，一心想討母親棠夫人（實質是外祖母）歡心，姊姊棠寧才是她的親生母親。有一天，棠真目睹棠寧在花房和兩男子交歡及吸毒，棠真開始鄙視生活放蕩的姊姊。

　　林氏滅門案後，棠真守在昏迷中的好友林翩翩床邊天天照顧，但這乖乖女開始變質，她一直知道成人世界的虛偽與殘酷，人生的無力感；她愛上林翩翩的男友 Marco，又恨林翩翩曾經羞辱她，有一次，棠真在林翩翩病床邊捨棄良知見死不救，向 Marco 表白換來強暴的打擊，讓她徹底黑化成魔。

　　棠真看破人性的醜陋，母親棠夫人那種菩薩口、蛇蠍心的偽善和陰毒，棠夫人曾說：「心裡沒有狠過一回，哪來的看淡呢？」棠真選擇繼承棠夫人的狠，抹去以前的愛。電影結尾說到棠夫人晚年臥病在床，棠真蓄了棠夫人一樣的髮型，暗示她是棠夫人的真正繼承人，無論是財產和狠毒，她要求醫護「救

救她（棠夫人）」，實質要令棠夫人在病榻中辭世，受盡病魔
折磨的現世報。

哲理　毛主義

　　筆者踏入社會工作初期，認識一位朋友，雖然已多年不見，還記得他的口頭禪：「有頭髮，有辦法」，這句話邏輯上雖有問題，沒有頭髮不代表沒有辦法，有頭髮未必一定有辦法，但聽起來既押韻又豁達，正能量充沛。

　　這句話令筆者想起一則頭髮的故事，樂觀或悲觀全憑一念之差，頗堪細味。有一天，一名樂觀的女人起床，從鏡中看見頭上只剩下三根頭髮，「我看今天就把它編成辮子好了」，她紮完後就開開心心過了一天。

　　第二天早上，她起床照鏡，發現只剩下兩根頭髮，「那今天就梳中間分界。」她梳完後又愉快地過了一天。隔天早上，她從鏡子裡發現只剩下一根頭髮，「好吧，馬尾髮型是最完美的。」那一天她過得一點也不遺憾。

　　翌日，她照鏡發現頭顱完全禿了，最後一根頭髮也保不住，她沒有悲傷，反而說：「太好了，終於禿了！再也不需花時間處理它們了。」當人生遇上挫折時，需要的不是頭髮，而是女主角那種樂天性格。

　　毛髮這東西很特別，它的象徵意涵之多是人類其他器官難以相比的，在神話、宗教、歷史、社會、文化及藝術均扮演重要角色，由於毛髮與人類的密切關係，不少哲學家及科學家均用來表達思維概念、艱深哲理。

拔一毛利天下不為之

在中國春秋戰國時代，楊朱（前440-約前360年）就以「一毛不拔」來表達維權思想，捍衛個人利益，至今還有相當大的啟發性。楊朱曾是當時思想界的超級巨星，孔子之後，孟子之前，「楊朱、墨翟之言盈天下，天下之言不歸楊，則歸墨」《孟子‧滕文公下》，楊朱與墨子齊名，墨子主張「兼愛」、「非攻」及「尚賢」等，楊朱提倡《重己》、《貴生》及《本性》等，墨子關注是社會，楊朱關注是個人，各有鮮明立場。

楊朱學說曾是紅極一時的「顯學」，如今幾無留痕，他的生平事跡已無從稽考，隻言片語散見於《孟子》、《莊子》、《韓非子》、《呂氏春秋》和《列子》中，楊朱學說為何會銷聲匿跡？歸根究底是他的個人主義主張，有違於專制王朝的家天下思想，是不利於統治的「毒草」。

楊朱的「一毛不拔」典故源於《孟子》一書，墨子的學生禽滑釐問楊朱：「如果拔下你身上一根汗毛，能使天下人得到好處，你拔不拔？」

楊朱回答：「天下人的問題，決不是拔一根汗毛所能夠解決得了！」禽滑釐又說：「假使能的話，你願意嗎？」楊朱默不作聲。

《孟子‧盡心上》批評楊朱：「楊子取為我，拔一毛而利天下，不為也。」在儒家眼中，楊朱是自私至極，即使拔他身上一根汗毛，能使天下人得利，他也是不幹的。

楊朱真的只求利己，不顧他人死活，自私到冷血無情的地步嗎？其實不然，楊朱不但不自私，反而看重天下人的利益，

他是中國第一位倡導人權的人，反對任何形式的侵犯和佔有，社會由無數個「我」組成，不論智愚賢不肖，社會地位高低，個人的利益應是平等的，不容侵犯，要捍衛個人權益，就要一毛不拔，寸步不讓。

試想想，統治者的慾望是無窮無盡的，得寸進尺的，他今天要你一根毛，明天要你一層皮，後天要你一隻眼，大後天要你一條命。他一步步的剝削，你一步步的讓步，民眾讓步越多，壓迫就越大。一將功成萬骨枯，腳下的纍纍白骨，統治者美其名是為了國家社稷作出犧牲，事實上是被人的慾望所殺。

當個個均犧牲「小我」來成全國家這個「大我」，國進民退的社會縱使多麼強大，還有沒有意義？如果大家一毛不拔，堅守底線，反對任何侵權、剝削及約束，統治者不敢為所欲為，依法施政，人民的自然權力得到保障，天下治矣。

皮之不存毛將焉附

楊朱以「一毛不拔」來闡釋維權思想，戰國時代數一數二的開明君主魏文侯（？－前 396 年）就以毛與皮的關係來解釋君與民的關係，他將統治者比喻為毛，百姓比喻為皮，留下「皮之不存，毛將焉附」的故事。

魏文侯在一次出遊途中，遇見一個人把皮毛做的衣服反過來穿著，並揹著一束束草料，古代平民的衣服一般不太講究，隨便把一塊動物皮子連毛割下來做衣服，正常的人都是皮子那一面貼身，毛髮的那一面向外，魏文侯看見後感到十分奇怪：「你怎麼把皮衣反過來穿揹草料啊？」那個人回答說：「我這

戰國魏文侯愛民如子，認為百姓是君主賴以生存的基礎（來源：維基百科）

不是喜歡那些毛，怕它磨掉嘛。」

魏文侯則問：「你不知道要是裡面這些皮被磨掉的話，外面那些毛也就沒地方依附了嗎？」

到了第二年，東陽這個地方上繳的錢幣和布匹比起上一年增加了十倍，士大夫們都來恭賀主公，魏文侯不喜反憂：「這不是你們應該來祝賀我的時候啊，這就像是那個在路上反穿毛衣揹草料的人一樣，喜歡那些毛，卻不知道要是皮子沒有了，毛也就沒地方黏了。現在我的田地沒有變大，百姓也沒有增加，但是收上來的錢卻有十倍之多，肯定是士大夫們用了手段徵收上來的。我聽說下面的百姓要是生活得不安穩，上面的君侯也不能坐好這個位置，所以說這不是應該祝賀我的理由啊。」

魏文侯很清楚知道，統治者能夠穩坐江山，有所作為，關鍵在於百姓安居樂業，官吏若只顧媚主邀功，大肆搜括民脂民膏，不顧百姓死活，不就是那個反穿皮衣的人一樣愚昧，統治者賴以生存的基礎一旦破壞了，還能長治久安嗎？倒不如愛民如子，藏富於民，民富自然國強，魏國能夠在戰國首先強盛起來，與魏文侯的政治智慧不無關係。

羅素「理髮師悖論」

　　邏輯是思維的規律，漏洞是邏輯的缺陷，思想周密的數學家及科學家也難免犯下邏輯上的錯誤。十九世紀，歐洲有一門數學理論叫做「集合論」（set theory），集合是一個樸素概念，直觀上「一堆東西」放一起就可以說構成集合，數學家們發現，從自然數與集合論出發可建立起整個數學大廈。

羅素說明集合論的漏洞後，引起第三次數學危機（來源：維基百科）

英國著名數學家羅素（Russell，1872-1970 年）卻發現集合論有邏輯矛盾，他不是以數學駁數學，而是借助一個「理髮師悖論」來說明集合論的漏洞。

有一天，某城裡一位理髮師在招牌上告示：「我給本城裡所有不給自己理髮的人理髮，而且只給這些人理髮。一位邏輯學家看到這個告示後問這位理髮師，你的頭髮應該由誰來理？當時，對方無言以對。」

其實，這個告示自相矛盾，理髮師的頭髮不是由他自己來理，就是由其他人來理。如果由他自己來理，那麼他就屬於自己理髮的那類人，而他的告示明確表示不給這類人理髮。

假如理髮師的頭髮由其他人來理，那他就屬於不給自己理髮的那類人。但是，他在招牌上寫下的告示表明他要給所有這類人理髮，因此，其他任何人都不能給他理髮。這位理髮師的頭髮既不能由他自己來理，也不能被其他任何人服務！那麼，這位理髮師的頭髮究竟應該由誰來理呢？

1903 年，羅素提出「理髮師悖論」後，這個簡單的故事卻有非凡威力，動搖數學界的基石，引發第三次數學危機，數學家們認識到過往以為集合不需要任何限制是錯誤的，這個體系的內部就包含了互相矛盾的內容。

霍金的黑洞軟毛髮

著名物理學家霍金（1942-2018 年）有份研究的最後論文《黑洞熵與軟毛髮》（Black Hole Entropy and Soft Hair），曾引用物理學家們的通俗用語「軟毛髮」來論述黑洞並非能把所有物體吞噬，還有一些物體是黑洞消化不了的。

霍金認為黑洞邊緣存在一種「軟毛髮」（來源：維基百科）

霍金認為，並非所有物體進入黑洞將無跡可尋，物體落入黑洞後所攜帶的信息（黑洞熵）一部分設法保留下來，黑洞熵也許可被黑洞邊界以外的光子儲存，光子叫做「軟毛髮」，並非指人類的毛髮，霍金推斷這些黑洞無法吞噬的光子存在於黑洞視界的邊緣，猶如黑洞的頭髮。

霍金對黑洞的物理現象源於推斷和計算，不過實踐檢驗勝於武斷，加州帕薩迪納加州理工學院的科學家塞波萊恩（Seppo Laine）與其團隊，2019 年通過太空望遠鏡觀測兩個黑洞，眼見為實，最終證明「黑

洞並沒有頭髮」，黑洞外部圓形且光滑，就像一個無毛的禿頭，
證實霍金的悖論。

奇風異俗

　　大英博物館有一件藏品，已有二百年歷史，乍看像一束淡棕色的乾花，但其實是太平洋島國萬那杜共和國的塔納島男性原居民的頭髮。

塔納島男性的頭髮載滿長輩教導的知識（來源：維基百科）

塔納島原居民有一個相當優良傳統，長輩會教導年輕人安心立命的知識，他們沒有文字、沒有電腦，只能靠口傳耳授薪火相傳。老人家會把男孩帶到跟前，一邊用植物纖維把男孩的一絡頭髮編織成幼小的髮辮，一邊傳授世界重要的知識、歷史和生存之道，猶如將知識牢牢編織在頭髮中，要求年輕人牢牢記住。

　　老人家與男孩見面時，會測試男孩是否牢記所教的知識，若果男孩忘記了，長輩又會不厭其煩，再一邊編織一根髮辮、一邊重述一次。

　　在整個成長過程中，塔納島男孩頭上編織大量幼辮，代表腦中裝載大量有用知識，直至一絡絡頭髮長到近腰背，老人家就會替他們剪去頭髮，代表已達成年階段，可以獨立。這些剪下的頭髮，印證了小孩成長求學的過程，有塔納島男子形容這些頭髮是我們的大學。

辛巴族牛糞當髮膠

　　東非大草原孕育一支強悍部族馬賽族，他們蓄著髮辮、穿著紅衣及手持長矛，在草原奔跑時，獅子也要退避三舍，他們才是真正的非洲雄獅。

　　馬賽族男子崇尚勇氣，過去的習俗甚至鼓勵每位年輕人成年禮前獵殺一頭獅子，在殖民地時代，馬賽人用長矛盾牌抵禦英國軍隊的大炮火槍，面對馬賽人的視死如歸，英國人不禁讚嘆「高貴的野蠻人」。

　　無論是小孩還是成人，馬賽族男性均以當戰士為榮耀，在

傳統舞蹈中，男子跳躍得越高，代表越有戰鬥力，越受族人尊重。馬賽族女子一般剃光頭，光禿禿示人，男子大都短頭髮，但被選為戰士的男子會留著滿頭小辮子，配以各種美麗的裝飾，一生好好保護，因為他們深信頭髮是男人力量的象徵，如果頭髮被剃，是莫大的恥辱，為了保護頭髮，男孩子從八歲起會用牛血及泥巴保護頭髮。

東非馬賽族戰士以牛血染紅髮辮（來源：Dietmar Temps）

在非洲納米比亞的原始部落辛巴族，當地水源匱乏，洗澡是一種奢侈品，一生中只能洗澡三次，剛出生時一次，結婚時一次，離世後一次。婦女會用紅石料磨成粉末，混合水和從牛乳裡提取的脂肪製成的顏料塗身，一輩子不用洗澡，她們因全身泥紅色，辛巴人又被稱為「紅泥人」。

非洲辛巴族女性以牛糞為髮膠（來源：2630ben）

辛巴族男孩蓄一根牛角辮，
女孩則雙角辮（來源：
Shutterstock）

　　辛巴人靠牛耕田養活一家大小，奉牛如神明，為了減少用水，她們將牛糞當作髮膠，用來固定髮型。牛雖吃草，糞便依然有臭味，辛巴人就想出用煙熏辟味的方法。

　　辛巴的小孩個個袒胸露背，很難分清男女，髮式成為他們區分性別的最好方法，男孩子一般會把頭髮從前往後梳成一根角狀的辮子，女孩子剛相反，從後向前梳成兩根、三根牛角狀的辮子，辮子的數目代表她們來自不同家族。女子婚後會更換髮式，把原先牛角狀的換成垂直下來的八爪魚式辮子，頭頂繫上皮製的髮冠。

天下第一長髮村

　　中國貴州深山有一支長角苗族，只得四千人左右，長角苗的婦女特別的髮式令人印象深刻，她們會用一支木製長角，以黑麻毛線束成髮簪，重達兩至四公斤，形似牛角，因而得名。

　　牛是長角苗族最崇拜的動物，所以用牛角模板製作的木牛角來纏頭髮，頭飾中含有母親、外婆、祖母乃至曾祖母等家族女性的髮絲，她們深信與祖先髮絲纏繞，寓意命運相連不忘本，緬懷祖輩的優良品格。

廣西瑤族的黃洛瑤寨及紅瑤寨，村中的婦女恪守傳統，留一頭烏黑的長髮，在瑤族文化中，長髮有著「長長久久，興旺發達」的意思，象徵長命、吉祥和富貴。

　　在黃洛瑤寨的河邊，不時有大群女子洗頭，每人垂下又長又黑的頭髮，蔚為奇觀，有女子的頭髮長達約一點七米，因頭髮太長，梳髮時要別人捧著，或者站在凳子上。號稱天下第一長髮村的紅瑤寨，一百二十多名成年婦女中，其中逾八十人的頭髮達一點四米以上，最長一點八米。

紅瑤寨的婦女以擁有長髮為榮（來源：Dmitry Chulov）

　　　　　　　　　　　　　　奇風異俗　第二十三章

紅瑤女子視髮如命，一生只剪兩次頭髮，第一次在嬰兒時滿百日剪髮；第二次於十八歲生日當天，要把從小到十八歲的頭髮剪掉，剪掉的髮絲不會丟棄，連平日梳理過程掉下的頭髮也要拾起，全部盤到頭上，盤起的頭髮就像一頂帽子戴在頭上，即一生人的頭髮也在裡面。

泰國童頭載滿祝福

　　在泰國北部郊區，看到留著傳統髮型的小孩，是很有趣的遭遇，他們可愛極了，或頭頂紮髻，或留馬尾辮，其餘頭髮剃得光光。

泰國其中一款傳統兒童髮型，傳說可以保護頭頂免受鬼怪侵害（來源：Chokdee25photographer）

在古代，泰國小孩的髮型只有四款，髮髻、馬尾、單條馬尾辮及雙條馬尾辮，其中髮髻最為尊貴，王室成員及貴族小孩均蓄髮髻，並套上一個白色的花圈，在隆重場合，髮髻上還會戴上印度冠冕。

為何泰國小孩會蓄這種髮型？泰國人自古有一種「頭重腳輕」觀念，認為雙腳踏著地，是骯髒之物，頭部寄居著靈魂，是智慧泉源，神聖不可侵犯，小孩的頭部只允許泰王、父母及僧人撫摸，理髮師在服務前，會說「對不起」以示歉疚和尊重。小童在髮漩位置紮辮，保護最脆弱的頭頂，則可防止鬼怪侵害，健康快樂成長。

亦有學者認為，泰國天氣炎熱，這些清爽髮型，減低小童暑熱不適的機會，那個時代小孩夭折率高，父母頭號重視的事情就是如何把寶寶養大，就如中國古時的小童髮型，一般留有長壽辮，寓意長命幸福，雖然地方不一樣，但天下父母心一樣。另一種說法是受印度教影響，印度神靈多盤髻，泰國受印度文化影響深遠，素可泰時代（1238-1438 年）無論大人小孩都愛盤髮髻，希望得到神靈保佑。

按照傳統，父母會用黏土製成四個泥娃娃，每個娃娃代表一款髮型，讓寶寶自行選擇，剃髮前會由僧人誦經祈福。女孩年屆十一歲、男孩十三歲，進入青春期則可不用再蓄兒童頭，如今泰國社會開放，大城市很難見到這類髮型，唯一不變的是古曼童的塑像還保留著，有機會可以端詳一下。

部分錫克教徒包紮大大的頭巾，分外搶眼（來源：Harjeet Singh Narang）

一絲不苟錫克教

在印度旁遮普邦，一名叫做阿凡達・辛格・茂尼（Avtar Singh Mauni）的大叔，每天花六小時纏頭，頭巾共重四十五公斤、長達六百四十五米，猶如頂著一個重甸甸的大包袱。他是一名虔誠的錫克教徒，纏著世界上最長、也最重的頭巾。

錫克教徒對毛髮的重視可謂世界之最，他們一輩子不剪頭髮，不刮鬍子，認為毛髮是神所賜予的禮物，必須留髮蓄鬍，以乾淨的毛巾包裹頭髮是對神的尊重，同時可阻擋塵土或臭味。連睫毛、眉毛、汗毛等體毛也好好保護，真正做到一絲不苟。

錫克教徒認為纏頭可以讓神從眾生中快速認出他們，長髮的存在時刻提醒錫克教徒，不忘記和神交流，提升自己品格，對個人來說，也是神聖的象徵，有誠實、負責、自愛、自律的意義。纏頭不是男人的特權，女子也可自願纏頭，教徒必須隨身配帶梳子、手鐲及匕首，代表重視頭髮、永恆團結及勇猛。

　　在錫克教義中，除非是洗澡或整理頭髮之外，絕不輕易把頭巾拿下，在公共場合放下頭巾視為不禮貌，如果不潔的手觸碰到錫克教徒的頭巾，視為不尊重。

　　錫克教徒形成一個強悍民族，又稱錫克族，男人同一個姓氏「辛格」，意為「雄獅」，印度第十三任總理曼莫漢‧辛格就是錫克族。錫克族驍勇善戰，英國殖民政府招攬入伍，英國統治香港早期，曾有一批錫克族警察，1920 年代，香港流行一首童謠：「ABCD，大頭綠衣，追唔到賊吹 BB！」所謂「大頭綠衣」是指以前穿綠色制服、包住頭巾的錫克警和戴竹帽的華警，如今錫克警在香港雖已絕跡，但香港仍有八千多名錫克教徒，灣仔皇后大道東就有一座錫克教廟。

香港早年亦有一批錫克族警察

第二十四章

名人鬍傳

　　內地演員于榮光在電視劇《三國》中飾演關羽（約 160 － 220 年）一角，其中一幕說到關羽敗走麥城，窮途末路，眼見已被東吳大軍包圍，大限將至，關羽從容地整理一下美髯，拔劍自刎身亡，于榮光當時真是舉手投足皆是戲，把關羽至死也愛惜鬍子的性格演得入木三分。

關羽因漢獻帝一句誇讚，成為千古傳頌的美髯公

環顧三國，擁有大鬍子的多不勝數，曹操留有大鬍子，也相當愛之惜之，《三國演義》虛構曹操不敵馬超，要割鬚棄袍逃脫的故事，間接反映曹操鬍鬚留得極美，很易被敵人識穿尊貴身分。

　　曹操鬍鬚雖美，但對著魏國第一美髯公崔琰，他是甘拜下風的，《三國志》記載崔琰「鬚長四尺，甚為威重」，有一次匈奴來使入朝，曹操雖有大鬍鬚，但嫌不夠威猛，有失國威，要求崔琰做替身冒充魏王，曹操則持刀侍立在側，觀察來使意圖。

中華美髯第一人

　　三國「鬚壇」人才濟濟，為何關羽能脫穎而出？主要恩賜於皇帝金口一誇，千古留名。話說建安五年（200 年），曹操破徐州，關羽與劉備失散，被迫投奔曹操，曹操愛關羽的忠義勇猛，欲長期收為己用，曹操知他愛惜鬍鬚，特製一個鬍鬚套相贈。

　　翌日，關羽上朝見漢獻帝，帝問關羽胸前的囊裡是甚麼？關羽說是鬍子，打開美髯飄飄過其腹，漢獻帝讚賞：「真美髯公也」，自此，成為中華美髯第一人，關羽的戰神地位，學者多有質疑，岳飛、韓信及白起等名將的成就都比他高，但美髯公地位確是穩如泰山。

　　關羽生前「美髯」兩個字幾乎成為其同義詞，壟斷項目，《三國志・蜀書・關羽傳》中記載馬超投奔劉備獲得重用，心生妒意的關羽寫信給諸葛亮，諸葛亮知道關羽心高氣傲，回信：

「猶未及髯之絕倫逸群也。」其中這個「髯」字就是指美髯公關羽，關羽心領神會，得到軍師一句誇讚，當場打消與馬超比試的念頭。

史載關羽身高九尺三寸，髯長一尺八寸，三國時期一尺大約相當現在的二十三點四厘米，總長四十二點一二厘米。跨上赤兔馬，揮舞青龍偃月刀，縱馬衝殺，飄飄美髯，凜凜威風，關雲長是也！

希特勒的方塊鬍鬚

阿道夫·希特勒（1889 － 1945 年）唇上方塊鬍鬚，一直是這位獨裁者最大標誌，如今示威遊行中，在印有當權者樣貌的紙板上劃上方塊鬍鬚，大家就明白此人跟希特勒一樣專制可怕。這款希特勒的小鬍子，其實叫做「衛生鬍」，又稱「仁丹鬍」，吃飯和流鼻涕不會沾染鬍子，比較衛生容易打理。

希特勒於一戰時留有八字鬍，從政後改為衛生鬍

希特勒在一戰時留有八字鬍子，為何突然改變形象？有人說是八字鬚戴上防毒面具不方便，希特勒曾於 1918 年 10 月 15 日遭芥子毒氣攻擊而短暫失明，留下陰影。也有人說，是銘記祖國奧地利在一戰中戰敗割地之痛，才剃掉左右兩側鬍鬚。

其實兩者皆不是，眾所周知，希特勒在維也納渡過人生最艱苦的六年歲月，兩次投考藝術學院失敗，希特勒恨透維也納，在《我的奮鬥》中，希特勒把維也納形容成「種族混雜的巴比倫」：「讓我最反感的是帝國首都的人種駁雜，我

希特勒的方塊鬍鬚因太深入民心，二戰後成為忌諱幾乎絕跡

十分厭惡這種由捷克人、波蘭人、匈牙利人、俄羅斯人、塞爾維亞人和克羅埃西亞人混在一起的種族大雜燴。」

他選擇往德國參軍，也不願留在祖國當兵，可想而知他對奧地利並無好感，那會心痛祖國戰敗割地。希特勒蓄衛生鬍始於一戰後，在和平的日子，防毒面具都放回倉庫儲藏，誰會杞人憂天，時時刻刻準備戴防毒面具？

美國諧星卓別林曾在電影《大獨裁者》扮演希特勒

　　真正原因是一戰期間，衛生鬚因方便和衛生，在基層中流行，美國諧星查理・卓別林（1889－1977年）也留此款鬍鬚，1914年在電影《威尼斯兒童賽車》中，卓別林已以衛生鬚示人，配以圓頂硬禮帽及特大褲子和鞋，成為其獨特的搞笑形象。

　　由於卓別林的關係，衛生鬚更加風靡一時，獲不少工人喜愛，當時德國社會動盪，全國六百萬失業人口，納粹黨前身就是德國工人黨，希特勒從政後，為爭取工人階級及基層支持，改蓄衛生鬚，之後再沒更改過，直至1945年4月30日自殺身亡為止。現在西方人，一看到衛生鬚，就會想到希特勒這位獨裁者，二戰後成為忌諱，不再留這款鬍鬚。

達利與加利結婚四十八年，一直恩愛，給予各自結交異性的空間

達利獨特藝術符號

薩爾瓦多·達利（Salvador Dali，1904-1989 年）是二十世紀西班牙超現實主義畫家、版畫家和雕塑家。他的鬍鬚成為生招牌，你可以忘記他的作品，但絕難忘記他那兩撇鬍鬚，其鬍子本身就是一件絕世藝術品，翹起的鬍子一時變成四條鬚、一時連成一體捲成「8」字，一時插著鮮花或美金，叫人目不暇給。

達利是瘋狂的天才，天才的幻想家，天生的行為藝術家，荒誕不羈，特立獨行，就以他的愛情觀來說，絕對是顛覆傳統，令人咋舌。妻子加拉（Gala）是俄羅斯人，年長達利九歲，曾是法國超現實主義詩人保羅·艾呂雅（Paul Éluard）的前妻。

1929 年，加拉隨艾呂雅等一批超現實主義者，來到西班牙拜訪達利，達利對她一見鍾情，不理世俗眼光對已婚的加拉猛烈追求，不久，加拉與達利在巴黎開始同居，1934 年結為連理。

就算以現代人的觀念，達利和加拉的婚姻關係也超前衛的，兩人婚後繼續與各自情人約會，甚至與藝術家馬克斯·恩斯特過著三人同居的生活長達三年。據說，加拉有超強的性

慾，終生性伴侶不斷，達利喜歡手淫和觀看群交活動，各有各愛好。

　　也許筆者把話題扯得太遠，言歸正傳，達利的兩撇鬚何時開始？根據資料，1922 年，達利在聖費爾南多皇家美術學院期間開始留著鬍鬚，他聲稱是模仿十七世紀的西班牙著名畫家委拉斯蓋茲。

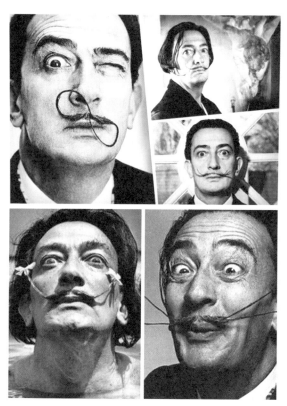

達利的鬍子千奇百怪，成為生招牌

達利初時的鬍子沒有甚麼特別，隨著鬍鬚越來越長，他把它固定起來，翹起如倒八字型，為了自我宣傳，更把鬍鬚塑造成奇形怪狀，加上不同裝飾物如花朵、美金、熔化的軟錶等，還拍了許多寫真。達利不單把兩撇鬚作為他獨特的藝術符號，還惡搞了蒙羅麗莎，《達利的蒙羅麗莎自畫像》讓人啼笑皆非的同時，不得不佩服達利的創意和幽默感。

　　達利去世後，遺體通過防腐措施處理，連鬍鬚也保存完好，安葬在家鄉的戲劇藝術博物館內。達利生前視財如命，留下遺產眾多，2016 年估值達四點六億美元，因無子女，這筆遺產最終惹人覬覦。

　　2017 年，西班牙塔羅牌占卜師阿貝爾自稱是達利私生女，聲稱母親曾在西班牙卡達克斯市近郊的村子擔任女傭，在那段時期與已婚的達利發生關係，她就是達利的女兒。

　　阿貝爾向法院要求驗證基因，法院下令開棺取出樣本，當年負責防腐的巴戴雷（Narcís Bardalet）表示，「達利的鬍子完全沒有受到影響，指向十時十分的指針，就像他喜歡的那樣。」經過基因親子鑑定後，證實阿貝爾並非達利骨肉，生前愛出風頭的達利，逝世二十八年後再一次聚焦世人目光，他泉下有知或許感激阿貝爾的冒認。

第二十五章

未來　毛的去向

英國前首相邱吉爾說過：「你對過去看得越遠，你對未來也看得越遠。」

我們從七百萬年前走過來，看到毛髮的一路演化，究竟未來人類的毛髮會變成怎樣？是光禿禿的未來人，還是依然與毛長存？

首先必須弄清楚，在人類的進化過程中，並非所有毛髮都在減少，其中頭髮、眉毛、睫毛、男性的鬍鬚和陰毛較黑猩猩還要濃密，作用也越來越大。

毛髮的退化主要是效益問題，例如體毛脫落有利排汗調節體溫，增加生存機會，人類後來的進一步脫毛，以女性最為顯著，朝著光滑軀體邁進，藉此吸引異性。

進化是世上最奇妙的演變，它不但適應了「天擇」，也可遷就「人擇」，即人類的選擇，女性胸部發展就是「人擇」的結果，因人類直立行走改變性交動作，由後進式改為男上女下，女性為吸引異性，原本平坦的胸部模仿臀部變得又圓又大，成為第二臀部。

現代女性多數不喜歡多餘體毛，除了頭髮和眉毛能夠增豔添美的毛髮外，其餘都會想方設法除掉，這種愛美傾向會直接影響基因發展，久而久之身體會因應人的欲望而改變，漸漸脫掉人類不想存在的體毛。

禿頭問題大為改善

　　根據美國掉髮研究學會的統計，全球十億人有脫髮問題，脫髮現象更趨年輕化。在電影中許多描述未來男性，大都有一雙睿智的眼睛，光禿禿的大頭顱，未來男性是否逃脫不到禿頭的厄運？

未來男性是否一定演化至禿頭？（來源：Zurijeta）

筆者則持否定態度，相對樂觀，現時禿頭已非不治之症，許多藥物能有效遏制脫髮，就以筆者為例，中學時代已遺傳父親的頭髮稀疏，後來靠藥物髮再生，所以相信未來生髮藥物價錢進一步下調，受惠大眾將更普及，大大改善禿頭問題。

　　人類的未來正朝著人工智能、基因工程及星際殖民發展，基因工程有機會改善「毛多」和「禿頭」問題，甚至頭髮的顏色，說不定出現螢光色頭髮，2013 年，科學家把水母的 DNA 注入白兔胚胎，成功培育出在漆黑中發綠光的「螢光兔」，這項技術有望發展至人類毛色上。

　　地球人口爆炸，資源日漸枯竭，人類星際大開發已非天方夜譚，地球位於適居帶位置，即離太陽不遠不近，星球離太陽太近，水分蒸發地殼過熱，不利生物存在，如果太遠，因日照不足，長年處於嚴寒之中，亦不利生物存在，所以適居帶的星球才能孕育出生命。

隨著人類科技進步，星際殖民指日可待（來源：Elena11）

簡單的毛髮　不簡單的故事

整個宇宙中，專家估計有一百一十億顆類似地球的適居帶星球，人類未來最大可能是移民這些星球，在不同星球繁衍下去，或演化出另一種人類，屆時毛髮演變千差萬別。

毛囊移植技術突破

　　隨著幹細胞的研究，「毛髮農場」指日可待，現今的植髮技術是將頭部後方的健康毛囊，移植到出現脫髮的位置上，主要是 M 字額及地中海，但缺點是若脫髮嚴重，大部分毛囊處於休眠狀況，未必有足夠的健康毛囊移植。

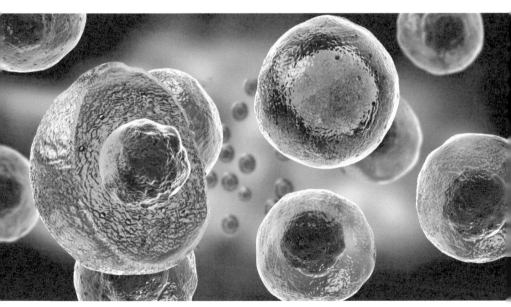

幹細胞技術突破，毛囊移植更加有效改善脫髮問題（來源：Giovanni Cancemi）

人類頭皮大概有十萬個毛囊，毛囊上的數千個皮乳突是頭髮的營養來源，皮乳突萎縮，毛囊就會變小，甚至休眠及死亡。科學家利用幹細胞在動物身上複製人類毛囊，然後把富含皮乳突的毛囊移植到頭上已休眠毛囊的皮膚上，解決不夠健康毛囊移植的問題。

　　2017 年，電影《追龍》中有一幕說到，吳毅將扮演黑道頭目，被押返警署扣查，飾演探員的鄭則仕拿來一杯混入頭髮碎的水，吳毅將面色大變，指飲了會死人。原來人類的胃部因無法消化毛髮，有可能完全堵塞腸道致死。

　　不過，頭髮是人體最多蛋白質的東西，含量高達百分之八十五至九十九，有科學家發現頭髮經過高溫溶解後，可改造成富含蛋白質的高營養食物。筆者相信現今社會對食物不虞匱乏，人類未必有興趣進食頭髮，但可作為動物飼料，取代如豬的飼料大豆等，2020 年，中國採購美國大豆數量達四千萬噸，如果將內地十四億人口的頭髮收集起來改造成飼料，中國可節省不少金錢。由於頭髮蛋白質豐富，過往有公司以頭髮粉末製造醬油，亦有農夫把燒焦的頭髮混入泥土中作肥料。

機械人剪髮難普及

　　目前已有一款叫做「自動剪」的自動理髮設備問世，這台設備配備一台風扇，風扇把頭髮吸進一條管子裡，管子的末端是用來修剪頭髮的移動刀片。「自動剪」進一步發展是機械人剪髮，但筆者相信機械人剪髮未必能普及，基於安全理由，人類很難把頭顱交託一台剪刀機械處理，那種心情就像曹操聽到

華佗要開腦醫偏頭痛一樣，曹操擔心有詐腦袋搬家，下令處死華佗。

　　況且，凡是涉及手藝的服務如按摩、理髮、美容及化妝等，很難由機器取代，冷冰冰的機械人缺乏人類那種溫暖的質感，互動的情感，客人幫襯理髮店，除了要求把頭髮修剪漂亮外，還在乎那種舒適的享受，被人服務的快意，正如美國作家馬克‧吐溫在《漫談理髮師》所言：「萬事萬物都在發展變化，只有理髮師、理髮師的工作方式以及理髮師的環境除外。」

機械人理髮你敢嘗試嗎？（來源：Miriam Doerr Martin Frommherz）

A. 書籍

《西洋通史》，王德昭著，商務出版社，（繁），1987 年

《人類前史》，斯賓塞・韋爾斯著，杜紅譯，東方出版社，（簡），2006 年

《男人和女人的自然史》，戴思蒙・莫里斯著，蔣超　孫慶　杜景珍譯，華齡出版社，（簡），2002 年

《人這種動物》，戴思蒙・莫里斯著，楊麗瓊譯，華齡出版社，（簡），2002 年

《人種源始》，泰德薩著，柯明憲譯，貓頭鷹，（繁），2014 年

《人類通史》，克里斯・斯特林格、彼得・安德魯著，王傳超、李大偉譯，王重陽校譯，北京大學出版社，（簡），2017 年

《生命起源》，彼得・阿克羅伊德著，周繼嵐、劉路明譯，三聯書店，（簡），2007 年

《裸猿》，德斯蒙德・莫里斯著，曹順成譯，商周出版，（繁），2015 年

《第三種猩猩》，賈德・戴蒙著，鄧子衿譯，衛城，（繁），2014 年

《簡明大歷史》，伊恩・克羅夫頓、傑瑞米・布雷克合著，丁超譯，商周出版，（繁），2018 年

《拉美西斯二世》，戴爾・布朗主編，張燕譯，華夏出版社，

簡單的毛髮　不簡單的故事

（簡），2002 年

《法老的詛咒》，郭丹彤　馬曉敏著，北京大學出版社，
（簡），2013 年

《歷史》，希羅多德著，王以鑄譯，商務印書館，（簡），
1997 年

《古希臘簡史》，托馬斯‧R‧馬丁著，楊敬清譯，上海三
聯書店，（簡），2011 年

《羅馬十二帝王傳》，蘇維托尼烏斯著，張竹明　王乃新
蔣平等譯，商務印書館，（簡），1996 年

《羅馬人的故事》，塩野七生著，鄭維欣譯，三民書局，
（繁），2007 年

《立志做一個高貴的羅馬人》，傑利‧透納著，周沛郁譯，
如果，（繁），2018 年

《羅馬帝國》，柯林‧威爾斯著，賈士蘅譯，商務，（繁），
2004 年

《迦太基必須毀滅》，理查德‧邁爾斯著，孟馳譯，社會科
學文獻出版社，（簡），

《諸神的起源》，尼爾‧麥葛瑞格著，余淑慧譯，聯經，
（繁），2020 年

《黃金英雄榜》，何恭文、龐靜平著，藝術圖書公司，（繁），
2008 年

《聖經故事》，張久宣編著，紅旗出版社，（簡），1996 年

《頭髮‧一部趣味人類史》，寇特‧史坦恩著，劉新譯，
聯合文學，（繁），2019 年

《頭髮的歷史》，羅賓‧布萊耶爾著，歐陽昱譯，百花文藝出版社，（簡），2002 年

《金髮》，喬安娜‧皮特曼著，陳向陽　徐豔譯，南京出版社，（簡），2004 年

《楊貴妃》，井上靖著，周祺 周進堂 李鴻恩譯，南粵出版社，（繁），1986 年

《崇拜京都》，三線著，創意市集，（繁），2017 年

《日本名勝景點趣聞物語》，李仁毅著，河景書房，（繁），2019 年

《西方文明的另類歷史》，理查德‧扎克斯著，李斯譯，海南出版社，（簡），2002 年

《古人的文化》，沈從文著，中華書局，（簡），2014 年

《製作路易十四》，彼得‧柏克著，許綬南譯，麥田出版，（繁），1997 年

《凡爾賽宮的生活》，雅克‧勒夫隆著，王殿忠譯，山東畫報出版社，（簡），2005 年

《法國宮廷文化》，阮若缺著，遠流，（繁），1997 年

《斷頭王后》，斯蒂芬‧茨威格著，李芳譯，希望出版社，（簡），2006 年

《法國大革命》，喬治‧勒費弗爾著，廣場，（繁），2017 年

《拿破崙流放日記》，拿破崙著，王寶泉譯，海南出版社，（簡），2007 年

《維多利亞》，里頓‧斯特拉奇著，李祥年譯，國際文化出

版公司，（簡），2004 年

《從乞丐到元首》，約翰·托蘭著，郭偉強譯，同心出版社，
　　（簡），1993 年

《我的奮鬥》，希特勒原著，郭清晨譯，現代出版公司印行，
　　（繁）

《紐倫堡大審判》，約瑟夫·R·珀西科著，劉巍等譯，上
　　海人民出版社，（簡），2000 年

《繆夏》，德雷恩著，藝術圖書公司印行，（繁），2003 年

《發現部落》，良卷文化著，北京大學出版社，（簡），
　　2012 年

B. 互聯網

　　維基百科

　　每日頭條

　　壹讀

　　知乎

C. 影視

　　電影《一代宗師》，王家衛導演，演員梁朝偉、章子怡等，
　　2013 年

　　電影《血觀音》，楊雅喆自編自導，演員惠英紅、吳可熙、
　　文淇等，2017 年

　　電視劇《三國》，高希希導演，演員于和偉、陳建斌、于榮
　　光等，2010 年

國家圖書館出版品預行編目資料

毛髮趣史：簡單的毛髮 不簡單的故事／曾海帆
著. --初版--臺中市：白象文化事業有限公司，
2021.06
　　面；　公分
ISBN 978-986-5488-21-5（平裝）
1.毛髮 2.歷史故事
391.34　　　　　　　　　　　　　110004714

毛髮趣史：
簡單的毛髮 不簡單的故事

作　　　者	曾海帆
校　　　對	曾海帆
專案主編	林榮威
出版編印	林榮威、陳逸儒、黃麗穎
設計創意	張禮南、何佳諠
經銷推廣	李莉吟、莊博亞、劉育姍、李如玉
經紀企劃	張輝潭、徐錦淳、洪怡欣、黃姿虹
營運管理	林金郎、曾千熏
發 行 人	張輝潭

出版發行　白象文化事業有限公司
　　　　　412台中市大里區科技路1號8樓之2（台中軟體園區）
　　　　　出版專線：（04）2496-5995　　傳真：（04）2496-9901
　　　　　401台中市東區和平街228巷44號（經銷部）
　　　　　購書專線：（04）2220-8589　　傳真：（04）2220-8505
印　　　刷　基盛印刷工場
初版一刷　2021年6月
定　　　價　350元

白象文化　印書小舖　出 版 · 經 銷 · 宣 傳 · 設 計
www.ElephantWhite.com.tw　自費出版的領導者　購書 白象文化生活館